U0605592

肃省地表水功能区划

GANSUSHENGDIBIAOSHUIGONGNENGQUHUA

2012—2030年

SHUIGONGNENGQUHUAGANSUSHENGDIBIAOSHUIGONGNENGQUHUAGANSUSHENGDIBIAOSHU

编 委 会

甘肃省
地表水功能区划

GANSUSHENGDIBIAOSHUIGONGNENGQUHUA

2012—2030年

甘肃省水利厅 编

甘肃人民出版社

图书在版编目（ＣＩＰ）数据

甘肃省地表水功能区划：2012～2030年 / 甘肃省水
利厅编. — 兰州：甘肃人民出版社，2013.8
ISBN 978-7-226-04488-9

Ⅰ．①甘… Ⅱ．①甘… Ⅲ．①地面水资源—水资源利
用—甘肃省—2012～2030②地面水资源—水利规划—甘肃
省—2012～2030 Ⅳ．①TV211.1

中国版本图书馆CIP数据核字(2013)第194297号

责任编辑：肖林霞

封面设计：马　俊

甘肃省地表水功能区划

甘肃省水利厅　编

甘肃人民出版社出版发行

（730030　兰州市读者大道 568 号）

甘肃新华印刷厂印刷

开本 880毫米×1230毫米 1/16　印张11.25　字数150千

2013年9月第1版　　2013年9月第1次印刷

印数：1~3 000

ISBN 978-7-226-04488-9　　定价：78.00元

内容简介

　　水功能区划是根据水资源的自然条件和开发利用现状，按照流域综合规划、水资源与水生态系统保护和经济社会发展的要求，依其主导功能划定范围，并执行相应水环境质量标准的水域。《甘肃省地表水功能区划（2012—2030年）》是甘肃省实行最严格水资源管理制度的一项基础成果，是甘肃省主体功能区在河湖管理中的具体落实。本区划是全省开展水资源科学管理、开发利用、有效保护、水环境综合治理、水污染防治、编制水功能区限制纳污红线等工作的重要技术依据。本书包括了甘肃省水资源开发利用状况、地表水水质评价、水功能区划和管理措施等内容。

　　本书是水利、农业和环境保护等行业各级行政管理单位、技术人员从事水资源管理、开发利用与保护、水污染防治、水利水电工程规划设计和建设的专业技术工具书。

前　言

　　水功能区是指为满足水资源合理开发、利用、节约和保护的需求,根据水资源的自然条件和开发利用现状,按照流域综合规划、水资源与水生态系统保护和经济社会发展要求, 依其主导功能划定范围并执行相应水环境质量标准的水域。是国家主体功能区在河湖管理中的具体落实,是从严核定水域纳污能力,提出限制排污总量,建立水功能区限制纳污制度,制定水功能区限制纳污红线的重要基础和依据。

　　合理划分水功能区,突出河流湖泊水域的主体功能,实行分类指导,有利于协调水资源开发和保护、整体和局部的关系;有利于合理制定全省水资源开发利用与保护政策,调控开发强度、优化空间布局;有利于引导经济布局与水资源和水环境承载能力相适应;有利于统筹河流上下游、左右岸、省际间、地区间水资源开发利用和保护。

　　按照水利部的统一部署和安排,我省组织相关单位和部门,开展《甘肃省水功能区划》编制工作。2007年6月,甘肃省人民政府批复实施《甘肃省水功能区划》以来,在全省水资源管理和保护中发挥了重要作用,成为核定水域纳污能力、制定相关规划的重要基础和主要依据。随着经济社会的快速发展,水资源开发利用的变化,水功能划分成果也进行了多次补充和修订。修订后的最新成果名称定为《甘肃省地表水功能区划(2012—2030年)》(以下简称《区划》),涉及121条河流、总河长13321.8km;湖泊2个,总面积119.6km²。全省共划分水功能区234个（不包括70个开发利用区）,其中一级水功能区188个,二级水功能区116个(二级水功能区是对一级水功能区中的开发利用区的细化)。

　　《区划》涉及水利、环保、农业、渔业、城建等多个行业和部门,技术难度大,修订过程中充分考虑了各方面的意见,但难免存在不足之处,恳请广大读者和相关人员提出宝贵意见。

2013年3月

目　　录

第一章 综 述

一、修订目的

水是生命之源、生产之要、生态之基,水资源是经济社会可持续发展的重要物质保障。甘肃是一个水资源十分短缺的省份,人均水资源量少、水资源时空分布不均。合理开发利用和有效保护水资源,按照河流湖泊水域的特性和用途,划分主导功能区,分类指导水事行为,对于有效利用水资源,保障经济社会可持续发展具有重要意义。

甘肃分属内陆河、黄河、长江三大流域,水土资源配置、水人数量配置、水经发展配置等均存在较大差异。河流特性和水资源开发利用程度也炯然不同。河西内陆河流域,拥有全省18%的人口、17%的耕地和21%的水资源,生产了全省三分之一的粮食,提供了70%以上的商品粮;拥有酒泉卫星发射中心以及西北最大的钢铁联合企业酒钢集团、全国最大的镍冶炼企业金川公司等一批大型、特大型现代企业,它们在甘肃乃至全国经济建设中发挥着重要作用。内陆河流域经济社会的不断发展,又加剧了水资源的供需矛盾,尤其石羊河流域是我国干旱内陆河区人口密度最大、水资源供需矛盾最为突出,也是人类活动影响生态环境恶化最为严重的流域之一。由于水资源严重不足,加之过度开发利用,进入下游地区地表水量逐渐减少,地下水位普遍持续下降,导致河湖干涸、林木死亡、草场退化、沙尘暴肆虐、下游河段水污染严重等一系列生态环境问题。河西水资源的供需矛盾已经成为实施西部大开发、全面建设小康社会奋斗目标的瓶颈。

甘肃省黄河流域,是本省人口数量最多、人口密度最大的地域,也是全省主要经济带,特别是全省耕地、工业与城镇经济比重的3/4集中在黄河流域。而该流域水资源时空分布不均,大部分地区干旱少雨,水旱灾害频繁,供需矛盾十分突出;流域地处黄土高原,水土流失严重,湟水、泾河、渭河水系下游河段重度污染。随着经济社会的发展,缺水呈加重趋势,水质型缺水将成为治水的重点。

甘肃省长江流域山地广布,森林覆盖率相对较高,水资源较丰富且水质较好,产水量占全省的34.7%。长江流域水低地高,农业生产开发利用难度大,但其蕴藏着丰富的水能资源,有较大的开发前景,在有效保护生态环境的前提下,进行合理开发利用是该流域面临的课题。

水功能区划是指为满足水资源合理开发、利用、节约和保护的需求,根据水资源的自然条件和开发利用现状,按照流域综合规划、水资源与水生态系统保护和经济社会发展要求,依其主导功能划定范围并执行相应水环境质量标准的水域。

根据我省水资源的自然条件和属性,按照流域综合规划、水资源保护规划及经济社会发展要求,协调水资源开发利用和保护、整体和局部的关系,合理划分水功能区,突出主体功能,实现分类指导,是水资源开发利用与保护、水环境综合治理和水污染防治等工作的重要基础。水功能区划是国家和甘肃省主体功能区在河湖管理中的具体落实,符合甘肃省土地利用规划和国民经济发展要求,对建立最严格水资源管理制度,实现水资源可持续利用具有重要意义。

早在2002年,我省就着手编制了《甘肃省水功能区划》,2007年进行了修订并由省政府批准实施。根据2011年12月国务院批复的《全国重要江河湖泊水功能区划(2011—2030年)》,省水利厅协调相关单位再次修订《甘肃省水功能区划》。根据修订的水功能区划成果,从严核定水域纳污能力,提出限制排污总量,为建立水功能区限制纳污制度,制定甘肃省水功能区限制纳污红线提供重要技术支撑。修订水功能区划有利于合理制定全省水资源开发利用与保护政策,调控开发强度、优化空间布局,有利于引导经济布局与水资源和水环境承载能力相适应, 有利于统筹河流上下游、左右岸、省界间、地区间水资源开发利用和保护。

二、修订依据

1999年12月,水利部依据国务院"三定"方案,组织各流域管理机构和全国各省区开展了水功能区划工作,2002年我省完成了《甘肃省水功能区划》;2003年水利部颁布了《水功能区管理办法》,明确了水功能区的具体管理规定,我省对《甘肃省水功能区划》进行了修改完善,并通过了流域机构审查;2006年7月, 省水利厅和省环境保护厅共同组成编制工作组,在已有的水功能区划成果的基础上修编完成了《甘肃省水功能区划》,2007年6月经省政府批复实施。

《甘肃省水功能区划》实施以来,在全省水资源保护和管理中发挥了重要作用,水功能区划体系基本形成,成为核定水域纳污能力、制定相关规划的重要基础和主要依据。2010年11月,国家正式颁布实施了《水功能区划分标准》(GB/T 50594-2010),2011年12月28日, 国务院以国函[2011]167号文批复了《全国重要江河湖泊水功能区划(2011—2030年)》,《甘肃省水功能区划》中部分水功能区的名称、水质目标及河长等内容与《全国重要江河湖泊水功能区划(2011—2030年)》不一致,因此,需要及时修订《甘肃省水功能区划》。

三、修订原则

(1)可持续发展的原则

要充分发挥水功能区划在水资源管理、水污染防治、区域功能定位、节能减排、水生态保护等工作中的约束和指导作用, 协调好区划与水资源综合规划、流域综合规划、国家主体功能区规划、《全国重要江河湖泊水功能区划(2011—2030年)》、经济社会发展规划等相关规划的关系,根据水资源和水环境承载能力及水生态系统保护要求,科学确定水域主体功能,统筹安排各有关行业和地区用水。水资源开发利用要体现支撑经济社会发展的前瞻意识,要为未来水资源开发利用留有余地。

(2)统筹兼顾和突出重点相结合的原则

区划以河流为单元,统筹兼顾上下游、左右岸、近远期水资源及水生态保护目标与经济社会发展需求,区划体系和区划指标既要考虑流域层次上的管理和保护,又要兼顾区域层次上不同的水资源分区特点和开发利用的合理需求。对城镇集中饮用水源地和具有特殊保护要求的水域,应划为保护区或饮用水源区并提出重点保护要求,切实保护水源,保障饮用水安全和生态安全。

(3)水量、水质、水生态并重的原则

严格水资源"三条红线"管理与生态环境保护相结合。水功能区的划分和实施,既要考虑开发利用和保护对水量的需求,又要考虑其对水质的要求,还要顾及水生态服务功能的良性维持,尤要注意河源地区涵养水源的生态环境保护和河流下游水生态环境的改善与保护。

(4)尊重水域自然属性的原则

尊重水域自然属性,充分考虑水域原有的基本特点、所在区域自然环境、水资源及水生态的基本特点,科学制定和实施《区划》,实现水资源的合理开发利用与有效保护。

(5)前瞻性原则

在甘肃省所属的三大流域中,内陆河流域水资源开发利用程度高,黄河流域开发利用程度居中,长江流域开发利用程度较低,潜力较大,在水功能区划分中应考虑其将来更大地开发利用的可能。

(6)便于管理、实用可行的原则

水功能区划要尽可能与行政区划协调一致,以便于管理,区划方案力求实事求是,切实可行。

(7)主导功能优先的原则

同一水域兼有多类功能时,按最高功能确定类别。上游河段的功能划分应满足下游功能的要求。

(8)与国家重要水功能区一致性原则

按照《全国重要江河湖泊水功能区划(2011—2030年)》修订《甘肃省水功能区划》中部分水功能区内容,使之保持一致。

四、区划依据

《甘肃省地表水功能区划》编制的主要依据包括法律、法规,国家有关政策,省政府有关政策。

(一)法律法规

(1)《中华人民共和国水法》(2002年8月)第三十二条规定"国务院水行政主管部门会同国务院环境保护行政主管部门、有关部门和有关省、自治区、直辖市人民政府,按照流域综合规划、水资源保护规划和经济社会发展要求,拟定国家确定的重要江河、湖泊水功能区划,报国务院批准";

(2)《中华人民共和国环境保护法》(1989年12月);

(3)《中华人民共和国水污染防治法》(2008年2月);

(4)《取水许可和水资源费征收管理条例》(2006年2月);

(5)《水功能区管理办法》(2003年6月);

(6)《入河排污口管理办法》(2004年11月)。

(二)国家有关政策

(1)《中共中央国务院关于加快水利改革发展的决定》(中发〔2011〕1

号）；

（2）《国务院关于实行最严格水资源管理制度的意见》（国发〔2012〕3号）；

（3）《全国重要江河湖泊水功能区划（2011—2030年）》（国函〔2011〕167号）；

（4）《甘肃省人民政府办公厅关于印发甘肃省实行最严格的水资源管理制度办法的通知》甘政办发〔2011〕155号，二十九条明确"建立健全全省重要水功能区监测、评估、管理体系，核定水功能区名录，强化达标监督管理"。

（三）国家有关重要规划

（1）《全国主体功能区规划》（2010年12月）；

（2）《全国水资源综合规划》（2010年10月）；

（3）《黄河治理开发规划纲要》（1996年6月）；

（4）《甘肃省主体功能区规划》（2012年6月）；

（5）《甘肃省水资源综合规划》（2012年6月）；

（6）《甘肃省国民经济和社会发展第十二个五年规划纲要》（2012年2月）；

（7）《甘肃省水利发展"十二五"规划》（2012年2月）；

（8）《甘肃省环境保护"十二五"规划》（2012年6月）。

（四）国家标准

（1）《水功能区划分标准》（GB/T 50594—2010）；

（2）《地表水环境质量标准》（GB3838—2002）；

（3）《生活饮用水卫生标准》（GB5749—2006）；

（4）《渔业水质标准》（GB 11607—1989）；

（5）《景观娱乐用水水质标准》（GB12941—1991）；

（6）《农田灌溉水质标准》（GB 5084—2005）；

（7）《自然保护区类型与级别划分原则》（GB/T14529—1993）。

（五）国家重要水功能区

（1）国家重要江河干流及其主要支流的水功能区。

（2）重要的涉水国家级及省级自然保护区、国际重要湿地和重要的国家级水产种质资源保护区、跨流域调水水源地及重要饮用水水源地的水功能区。

（3）国家重点湖库水域的水功能区，主要包括对区域生态保护和水资源开发利用具有重要意义的湖泊和水库水域的水功能区。

（4）主要省际边界水域、重要河口水域等协调省际间用水。

甘肃省列入《全国重要江河湖泊水功能区划（2011—2030年）》的水功能区88个（不包括开发利用区），涉及29条河流，一级水功能区54个，二级水功能区49个。其中内陆河一级区8个、二级区11个，涉及疏勒河、党河、黑河、石羊河等4条河流；黄河流域一级区32个、二级区33个，涉及黄河、洮河、渭河、泾河等20条河流；长江流域一级区14个、二级区5个，涉及嘉陵江、青泥河、西汉水、白龙江、白水江等5条河流。

五、水平年

《甘肃省地表水功能区划》基准年为2010年，近期水平年为2020年，远期水平年为2030年。根据水资源保护需要，结合基准年实际情况分别确定内陆河流域、黄河流域、长江流域的水质管理目标。

六、修订程序

《甘肃省地表水功能区划》修订的程序分为资料收集、分析评价、水功能区的划分和区划成果的审定等四个阶段。

水功能区划是一个综合性分析评价的过程,即通过广泛的调查研究,收集相关行业、部门已有成果,包括水质监测资料、污染源排放资料,近期完成的科研成果资料,国民经济与社会发展规划资料,自然环境资料等。在此基础上,进行综合分析,归纳其普遍性的规律,提取与水功能区划相关的主要因素,然后结合区划原则进行详细区划。

区划成果审定是确认水功能区划法律地位的关键工作,水功能区划只有经过具有相应管理权限的政府部门批准后,方可作为水资源保护和管理及规划的依据。

第二章 基本情况

一、自然概况

(一)地理位置

甘肃省位于我国西北部,西起东经92°20′东至108°35′,跨十七个经度,长约1600公里;南起北纬32°34′,北至42°49′,跨十一个纬度。全省幅员呈两头大,中间小,长条形状。其轴线为北西西—南东东走向。沿轴线垂直方向的最窄距离仅98公里(在山丹县附近),最宽处500~600公里。东接陕西,南邻四川,西南和西部与青海、新疆连接,北部和宁夏回族自治区、内蒙古自治区接壤,并有少部分与蒙古共和国接壤,国土总面积42.58万km²,按流域划分全省分属内陆河、黄河、长江三个流域。

(二)地形地貌

甘肃地貌复杂多样,山地、高原、平川、河谷、沙漠、戈壁交错分布。地势自西南向东北倾斜,地形狭长,大致可分为各具特色的六大区域。

河西走廊:位于祁连山以北,北山以南,东起乌鞘岭,西至甘新交界,是块自东向西、由南向北倾斜的狭长地带。海拔在1000~1500m之间,长约1000余公里,宽由几公里到百余公里不等。这里地势平坦,机耕条件好,光热充足,是著名的戈壁绿洲,农业发展前景广阔,是甘肃主要的商品粮基地。

祁连山地:在河西走廊以南,长达1000多公里,大部分海拔在3500m以上,终年积雪,冰川逶迤,是河西走廊的天然固体水库。

甘南高原:地势高耸,平均海拔超过3000m,是典型的高原区。这里草滩宽广,水草丰美,牛肥马壮,是甘肃省主要畜牧业基地之一。

陇中黄土高原:东起甘陕省界,西至乌鞘岭。这里曾经孕育了华夏民族的祖先,黄河从这里穿流而过,刘家峡、盐锅峡、八盘峡三大水库如一串明珠,使这块土地充满了生机和活力。

陇南山地:重峦叠嶂,山高谷深,植被丰厚,到处清流不息。这一区域大致包括渭水以南、临潭、迭部一线以东的山区,为秦岭的西延部分。山地和丘陵西高东低,绿山对峙,溪流急荡,峰锐坡陡,呈现有江南风光。

陇东、陇西黄土高原:陇东黄土高原位于泾河流域,区内海拔1200~1800m,呈沟谷纵横丘陵地貌,南部残存有较多平整的黄土塬,北部呈梁、峁、沟壑地貌; 陇西黄土高原包括渭河、洮河、大夏河下游及乌鞘岭以东黄河干流两侧广大地区,海拔1500~2500m,大部分地区被深层黄土覆盖,呈山岭起伏、梁峁交错地形。

(三)气候特点

甘肃省地处内陆,地跨我国东部季风区、西北干旱区、青藏高寒区。据资料分析,全省年平均气温0℃~14℃,全年日照时数1700~3300h,无霜期一般150~240d,10℃以上积温多年平均为2585℃,多年平均降水量280.6mm,平均蒸发量1306mm,降雨分布东南多,西北少,且多集中在6~9月,占全年降水量的55%~70%,蒸发量变化与降水相反。其中:

内陆河流域平均降水量在96~210mm之间,走廊平原区相对偏小,北部地区年降水量不足50mm,蒸发量在1300~1750mm之间;黄河流域平均降水量在300~630mm之间,黄河以西的北部地区降水量小于250mm,蒸发量在800~1150mm之间;长江流域受季风影响降水量较多,平均降水量在

599~680mm之间,蒸发量在700~900mm之间。

(四)河流水系

全省分为三大流域12个水系,黄河流域为黄河干流、洮河、湟水、泾河、渭河、洛河6个水系;长江流域为嘉陵江、汉江2个水系;内陆河流域为石羊河、黑河、疏勒河和哈尔腾河苏干湖4个水系。全省河流中年径流量大于1亿m³的河流有78条。

省境内湖泊较少,最大的湖泊为苏干湖,面积约108km²;除此外另有小苏干湖、文县天池、碌曲尕海、常爷池等小湖泊。

冰川主要分布于祁连山区,据《中国冰川目录》记载,共有冰川2444条,冰川面积1657.21km²,储水量801.31亿m³。

二、社会经济

(一)行政区域与人口

甘肃省有酒泉市、嘉峪关市、张掖市、金昌市、武威市、兰州市、白银市、临夏州、定西市、天水市、平凉市、庆阳市、甘南州、陇南市等14个市(州),86个县(区、市)。内陆河流域包括酒泉市、嘉峪关市、张掖市、金昌市、武威市等5个市(州);黄河流域包括甘南州、临夏州、武威市、兰州市、定西市、白银市、平凉市、庆阳市、天水市等9个市(州);长江流域包括陇南市、甘南州、天水市等3个市(州)。

截至2010年底,甘肃省总人口为2557.53万人,其中城镇人口923.66万人,城镇化率为36.1%。按流域划分,内陆河流域总人口466.97万人,占全省人口的18.3%,城镇人口187.84万人,城镇化率40.2%;黄河流域总人口1789.05万人,占全省人口的70.0%,城镇人口667.11万人,城镇化率

37.3%；长江流域总人口301.51万人，占全省人口的11.7%，城镇人口68.71万人，城镇化率22.8%。见表2-1。

表2-1　　　　　　　　甘肃省2010年人口分布情况表

流域	人口（万人）			城市化率（%）
	城镇人口	农村人口	总人口	
内陆河	187.84	279.13	466.97	40.2
黄河	667.11	1121.94	1789.05	37.3
长江	68.71	232.8	301.51	22.8
全省	923.66	1633.87	2557.53	36.1

（二）土地资源

全省总土地面积42.58万km²，折合6.816亿亩，居全国第7位，人均26.24亩。总土地面积中，耕地面积7433.6万亩，占总土地面积的10.91%，人均占有耕地2.9亩；林地面积5807万亩，占8.53%，草原面积19445万亩，占28.53%，荒地面积18226.1万亩，占26.74%，沙漠戈壁面积10217万亩，占14.99%，水面面积231.8万亩，占0.34%，工矿、道路、城镇用地6800万亩，占9.99%。

（三）经济状况

2010年全省实现国内生产总值4041.73亿元，其中第一产业为556.06亿元，占GDP的13.8%，第二产业1964.28亿元，占GDP的48.6%，第三产业1521.39亿元，占GDP的37.6%，人均国内生产总值15803元。按流域划分，内陆河流域国内生产总值1236.01亿元，占全省的30.6%，人均国内生产总值26469元；黄河流域国内生产总值2601.23亿元，占全省的64.3%，人均国内生产总值11521元；长江流域国内生产总值204.49亿元，占全省的5.0%，人均国内生产总值6782元。详见表2-2。

表2-2 甘肃省2010年经济发展统计表

流域	GDP(亿元)	人均GDP(元)	一产(亿元)	二产(亿元)	三产(亿元)
内流河	1236.01	26469	192.76	691.07	352.18
黄河	2601.23	11521	310.22	1213.20	1077.81
长江	204.49	6782	53.08	60.01	91.40
全省	4041.73	15803	556.06	1964.28	1521.39

三、水资源及开发利用

(一)水资源总量

根据甘肃省水资源综合调查评价成果,甘肃省多年平均自产水资源总量为289.44亿m³,其中:内陆河流域为61.29亿m³,黄河流域为127.79亿m³,长江流域为100.36亿m³,详见表2-3。

表2-3 甘肃省流域水资源量 单位:亿m³

流域	地表水资源量	与地表不重复的地下水资源量	水资源总量
内陆河	56.62	4.67	61.29
黄河	125.16	2.63	127.79
长江	100.36	0	100.36
全省	282.14	7.30	289.44

(二)水资源开发利用状况

(1)供水量:2010年全省供水能力为144.3亿m³,其中地表水工程现状供水能力为113.3亿m³,地下水工程现状供水能力为29.5亿m³,污水回用及集雨工程等其他工程现状供水能力为1.5亿m³。地表水工程中,蓄水工程现状供水能力40.6亿m³,引水工程现状供水能力51.4亿m³,提水工程现状供水能力21.3亿m³。

内陆河流域各类工程供水能力为86.6亿m³，其中地表水工程现状供水能力为64.0亿m³，地下水工程现状供水能力为22.4亿m³，其它0.3亿m³。地表水工程中，蓄水工程现状供水能力37.1亿m³，引水工程现状供水能力25.1亿m³，提水工程现状供水能力1.7亿m³。

黄河流域各类工程供水能力为53.6亿m³，其中地表水工程现状供水能力为46.4亿m³，地下水工程现状供水能力为6.4亿m³，其它0.8亿m³。地表水工程中，蓄水工程现状供水能力3.3亿m³，引水工程现状供水能力24.3亿m³，提水工程现状供水能力18.7亿m³。

长江流域各类工程供水能力为4.2亿m³，其中地表水工程现状供水能力为3.0亿m³，地下水工程现状供水能力为0.7亿m³，其它0.5亿m³。地表水工程中，蓄水工程现状供水能力0.2亿m³；引水工程现状供水能力1.9亿m³，提水工程现状供水能力0.9亿m³。见表2-4。

表2-4　　　　全省2010年现状工程供水能力统计表　　　单位：亿m³

供水能力 区域	地表水				地下水	其他	总计
	蓄水	引水	提水	小计			
内陆河	37.1	25.1	1.7	64.0	22.4	0.3	86.6
黄河	3.3	24.3	18.7	46.4	6.4	0.8	53.6
长江	0.2	1.9	0.9	3.0	0.7	0.5	4.2
全省	40.6	51.4	21.3	113.3	29.5	1.5	144.3

（2）用水量：2010年全省各部门总用水量122.3亿m³，其中城镇生活用水（包括建筑业和服务业）6.07亿m³，占总用水的4.9%；农村生活用水3.12亿m³，占总用水的2.6%；工业用水13.95亿m³，占总用水的11.4%；农业（包括林牧鱼）用水96.15亿m³，占总用水的78.6%，生态环境用水3.03 m³，占总用水的2.5%。见表2-5。

表2-5　　　　　　　　甘肃省2010年各部门用水量表　　　　　　　单位：亿m³

流域	城镇生活	农村生活	工业			农业	生态环境	总计
			火(核)电	一般工业	小计			
内陆河	1.28	0.74	0.14	3.56	3.70	67.66	1.83	75.21
黄河	4.33	1.98	1.14	9.02	10.16	26.33	1.16	43.96
长江	0.47	0.41	0.00	0.09	0.09	2.15	0.03	3.16
全省	6.07	3.12	1.27	12.67	13.95	96.15	3.03	122.32

（3）耗水量：现状全省各部门总耗水量81.04亿m³，其中生活耗水4.93亿m³，占总耗水的6.1%；工业耗水5.14亿m³，占总耗水的6.3%；农业耗水70.07亿m³，占总耗水的86.5%；人工生态耗水0.90亿m³，占总耗水的1.1%。见表2-6。

表2-6　　　　　　　　甘肃省2010年各部门耗水量表　　　　　　　单位：亿m³

流域	农业	工业	生活	生态	总耗水量
内陆河	48.50	1.37	1.11	0.88	51.86
黄河	18.51	3.89	3.27	0.56	26.23
长江	1.48	0.10	0.54	0.02	2.14
全省	68.50	5.36	4.93	1.45	80.23

四、地表水环境质量

（一）评价范围

根据2010年全省地表水功能区常规水质监测站资料和2009年全省水功能区水质调查资料进行评价。

全省现有水功能区水质监测站114个，其中内陆河流域36个、黄河流域64个、长江流域14个，分布在88水功能区，水功能区监测覆盖率为37.6%。根据水利部要求，2015年全国重要水功能区监测覆盖率应达到

80%,我省现状水功能区监测覆盖率与水利部要求目标差距较大。

(二)评价项目

评价项目为《地表水环境质量标准》(GB3838-2002)规定的基本项目。其中总氮不参与水功能区水质类别评价。评价项目分为必评项目和选评项目以及能代表当地水质特点的项目三个部分。

必评项目包括10项:高锰酸盐指数、化学需氧量、氨氮、溶解氧、汞、铅、镉、挥发酚、石油类、流量(河流类水功能区)或蓄水量(水库类水功能区)。

选评项目:根据本流域水污染特征,选择《地表水环境质量标准》(GB3838-2002)规定的其他水质项目。

具有当地特点的水质项目,主要是指苦咸水地区选择的氟化物、硫酸盐、氯化物等3个项目。

(三)评价标准

水质评价标准采用《地表水环境质量标准》(GB3838-2002)。

(四)评价方法

按照《地表水资源质量评价技术规程》(SL 395-2007),采用单指标评价法(最差的项目赋全权,又称一票否决法),以各类地表水标准值作为水体是否超标的判定值(Ⅰ、Ⅱ、Ⅲ类水质定义为达标,Ⅳ、Ⅴ、劣Ⅴ类水质定义为超标),当出现不同类别的标准值相同的情况时,按最优类别确定水质类别。超标项目的超标倍数应按下列公式计算。

$$B_i = \frac{C_i}{S_i} - 1$$

式中 B_i ——某水质项目超标倍数；

C_i ——某水质项目浓度，mg/L；

S_i ——某水质项目与水质管理目标对应的水质标准为评价标准限值，mg/L。

（五）评价结果

全省评价总河长13087.9km，其中，Ⅰ类水质河长3773.3km，占28.8%；Ⅱ类水质河长3103.2km，占23.7%；Ⅲ类水质河长2139.0km，占16.3%；Ⅳ类类水质河长1275.3km，占9.7%；Ⅴ类水质河长486.8km，占3.7%；劣Ⅴ类水质河长2310.3km，占17.3%。

内陆河流域评价总河长3440.0km，其中，Ⅰ类水质河长1349.0km，占39.2%；Ⅱ类水质河长1190.0km，占34.6%；Ⅲ类水质河长109.0km，占3.2%；Ⅳ类类水质河长608.0km，占17.7%；Ⅴ类水质河长52.0km，占1.5%；劣Ⅴ类水质河长132.0km，占3.8%。

黄河流域评价总河长7279.4km，其中，Ⅰ类水质河长2132.3km，占29.3%；Ⅱ类水质河长1142.2km，占15.7%；Ⅲ类水质河长749.5km，占10.3%；Ⅳ类类水质河长642.3km，占8.8%；Ⅴ类水质河长434.8km，占6.0%；劣Ⅴ类水质河长278.3km，占29.9%。

长江流域评价总河长2368.5km，其中，Ⅰ类水质河长292.0km，占12.3%；Ⅱ类水质河长771.0km，占32.6%；Ⅲ类水质河长1280.5km，占54.1%；Ⅳ类类水质河长25.0km，占1.1%。如表2-6、图2-1。

表2-6　　　　　　　　全省不同水质类别代表河长表

流域	评价总河长(km)	Ⅰ类	Ⅱ类	Ⅲ类	Ⅳ类	Ⅴ类	劣Ⅴ类
		河长(km)					
内陆河	3440.0	1349.0	1190.0	109.0	608.0	52.0	132.0
黄河	7279.4	2132.3	1142.2	749.5	642.3	434.8	2178.3
长江	2368.5	292.0	771.0	1280.5	25.0		
全省	13087.9	3773.3	3103.2	2139.0	1275.3	486.8	2310.3

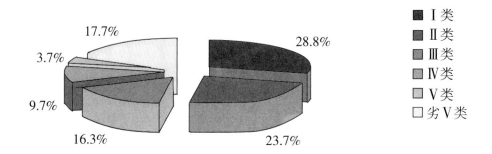

图2-1　全省河流现状水质类别图

第三章 区划方法及范围

一、区划方法

(一)水功能区划分级分类系统

根据《水功能区划分标准》(GB/T 50594-2010),水功能区划为两级体系(见图3-1),即一级区划和二级区划。

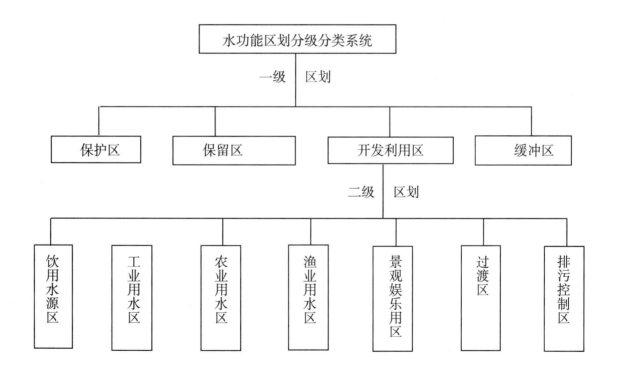

图3-1 水功能区划分级分类系统图

一级水功能区分四类,即保护区、保留区、开发利用区、缓冲区。二级水功能区是将一级水功能区中的开发利用区具体划分为饮用水源区、工业用水区、农业用水区、渔业用水区、景观娱乐用水区、过渡区、排污控制区等七类。

一级区划在宏观上调整水资源开发利用与保护的关系,协调地区间关系,同时考虑持续发展的需求;二级区划主要确定水域功能类型及功能排序,协调不同用水行业间的关系。

(二)一级区划的条件和水质目标

1. 保护区

保护区是指对水资源保护、自然生态系统及珍稀濒危物种的保护具有重要意义,需划定范围进行保护的水域。

(1)保护区应具备以下条件之一:

重要的涉水国家级和省级自然保护区、国际重要湿地及重要国家级水产种质资源保护区范围内的水域或具有典型生态保护意义的自然生境内的水域;已建和拟建(规划水平年内建设)跨流域、跨区域的调水工程水源(包括线路)和国家重要水源地水域;重要河流源头河段一定范围内的水域。

(2)划区指标包括集水面积、水量、调水量、保护级别等。

(3)保护区水质标准原则上应符合《地表水环境质量标准》(GB3838)中的Ⅰ类或Ⅱ类水质标准;当由于自然、地质原因不满足Ⅰ类或Ⅱ类水质标准时,应维持现状水质。

2. 保留区

保留区是指目前水资源开发利用程度不高,为今后水资源可持续利用而保留的水域。

(1)保留区应具备以下条件:

受人类活动影响较少,水资源开发利用程度较低的水域;目前不具备开发条件的水域;考虑可持续发展需要,为今后的发展保留的水域。

(2)划区指标包括产值、人口、用水量、水域水质等。

(3)保留区水质标准应不低于《地表水环境质量标准》(GB3838)规定的Ⅲ类水质标准或按现状水质类别控制。

3. 开发利用区

开发利用区是指为满足城镇生活、工农业生产、渔业、娱乐等功能需求而划定的水域。

(1)划区条件为取水口集中,有关指标达到一定规模和要求的水域。

(2)划区指标包括产值、人口、用水量、排污量、水域水质等。

(3)水质标准按照二级水功能区划相应类别的水质标准确定。

4. 缓冲区

缓冲区是指为协调省际间、用水矛盾突出的地区间用水关系而划定的水域。

(1)缓冲区应具备以下划区条件:

跨省(自治区、直辖市)行政区域边界的水域;用水矛盾突出的地区之间的水域。

(2)划区指标包括省界断面水域、用水矛盾突出的水域范围、水质、水量状况等。

(3)水质管理目标Ⅱ~Ⅳ类。

(三)二级区划的条件和指标

1. 饮用水源区

饮用水源区是指为城镇提供综合生活用水而划定的水域。

(1)饮用水源区应具备以下划区条件:

现有城镇综合生活用水取水口分布较集中的水域,或在规划水平年内为城镇发展设置的综合生活供水水域；用水户的取水量符合取水许可管理的有关规定。

（2）划区指标包括相应的人口、取水总量、取水口分布等。

（3）水质标准应符合《地表水环境质量标准》（GB3838）中Ⅱ～Ⅲ类水质标准，经省级人民政府批准的饮用水源一级保护区执行Ⅱ类标准。

2. 工业用水区

工业用水区是指为满足工业用水需求而划定的水域。

（1）工业用水区应具备以下划区条件：

现有工业用水取水口分布较集中的水域，或在规划水平年内需设置的工业用水供水水域；供水水量满足取水许可管理的有关规定。

（2）划区指标包括工业产值、取水总量、取水口分布等。

（3）水质标准应符合《地表水环境质量标准》（GB3838）中Ⅳ类水质标准。

3. 农业用水区

农业用水区是指为满足农业灌溉用水而划定的水域。

（1）农业用水区应具备以下划区条件：

现有的农业灌溉用水取水口分布较集中的水域，或在规划水平年内需设置的农业灌溉用水供水水域；供水量满足取水许可管理的有关规定。

（2）划区指标包括灌区面积、取水总量、取水口分布等。

（3）水质标准应符合《地表水环境质量标准》（GB3838）中Ⅴ类水质标准，或按《农田灌溉水质标准》（GB5084）的规定确定。

4. 渔业用水区

渔业用水区是指为水生生物自然繁育以及水产养殖而划定的水域。

（1）渔业用水区应具备以下划区条件：

天然的或天然水域中人工营造的水生生物养殖用水的水域；天然的水生生物的重要产卵场、索饵场、越冬场及主要洄游通道涉及的水域或为水生生物养护、生态修复所开展的增殖水域。

（2）划区指标包括主要水生生物物种、资源量以及水产养殖产量、产值等。

（3）水质标准应符合《渔业水质标准》（GB11607）的规定，也可按《地表水环境质量标准》（GB3838）中Ⅱ类或Ⅲ类水质标准确定。

5．景观娱乐用水区

景观娱乐用水区是指以满足景观、疗养、度假和娱乐需要为目的的江河湖库等水域。

（1）景观娱乐用水区应具备以下划区条件：

休闲、娱乐、度假所涉及的水域和水上运动场需要的水域；风景名胜区所涉及的水域。

（2）划区指标包括景观娱乐功能需求、水域规模等。

（3）水质标准应根据具体使用功能符合《地表水环境质量标准》（GB3838）中相应水质标准。

6．过渡区

过渡区是指为满足水质目标有较大差异的相邻水功能区间水质要求，而划定的过渡衔接水域。

（1）过渡区应具备以下划区条件：

下游水质要求高于上游水质要求的相邻功能区之间的水域；有双向水流，且水质要求不同的相邻功能区之间的水域。

（2）划区指标包括水质与水量。

（3）水质标准应按出流断面水质达到相邻功能区的水质目标要求选择相应的控制标准。

7．排污控制区

排污控制区是指生产、生活废污水排污口比较集中的水域，且所接纳的废污水不对下游水环境保护目标产生重大不利影响。

（1）排污控制区应具备以下划区条件：

接纳废污水中污染物为可稀释降解的;水域稀释自净能力较强,其水文、生态特性适宜作为排污区。

(2)划区指标包括污染物类型、排污量、排污口分布等。

(3)水质标准应按其出流断面的水质状况达到相邻水功能区的水质控制标准确定。

(四)功能区的命名

功能区的命名采用形象化的复合名称,其组成可分为三个部分:第一部分表示河名,第二部分表示地理位置,第三部分表示水域功能。对保护区应分别情况进行命名,自然保护区沿用原定名,源头水和调水水源区则采用:"河名+地名+源头水(调水水源)+保护区"的命名方法,其中的地名应使用县级以上的地名;对跨省(区)的缓冲区前面的地名应采用有关省的简称命名,省里的排序按上游在前下游在后,或左岸在前右岸在后的方法排序。

二级区划的分区命名基本组成与一级区划相似,其中的地名使用城(镇)以上的地名。对于功能重叠区则以主导功能命名,还可增加第二主导功能表示该水域的重叠功能,即采用"河名+地名+第一主导功能+第二主导功能"的命名方法。

"地名、第一主导功能、其他非主导功能"之间用"、"分开。

(五)功能区的编码

编号采用主导因素法,将水资源一级区、水资源二级区、水资源三级区、水功能一级区、水功能二级区等五大因子进行编号,水功能区编号由十四位大写的英文字母和数字的组合码组成,编码格式符合表3-1。

表3-1 水功能区代码编码格式表

水功能区代码水功												
水资源分区编码						一级水功能区编码			二级水功能区编码			
I	II	III		IV	V	一级水功能区顺序		属性	二级水功能区顺序		属性
□	□	□	□	□	□	□	□	□	□	□	□	□

第一段7位数表示功能区所在水资源分区，第二段4表示一级水功能区，第三段3位表示二级水功能区，一级水功能区的第三段应采用"000"。

第一段是功能区所在水资源分区编码,其中第1位表示水资源一级区代码,第二、三位表示水资源二级分区代码;第四、五位表示水资源三级区代码;第六表示水资源四级区代码;第7位是水资源分区预留码。

第二段是一级功能区编码，第1、2位是本水资源分区中一级水功能区的顺序号;第3位是为以后一级水功能区增加所预留的编码;第4为是水功能区属性标识,1为保护区、2为保留区、3为开发利用区、4为缓冲区。

第三段为二级水功能区编号,第1、2位是二级水功能区的顺序号,按先上游后下游,先左岸后右岸的顺序排序,由01编至99;第3位是二级水功能区属性标识，1为饮用水源区、2为工业用水区、3为农业用水区、4为渔业用水区、5为景观娱乐用水区、6为过渡区、7为排污控制区。

二、区划范围

（一）区划河流

根据黄河水利委员会和长江水利委员会相关技术要求，结合我省三大流域水资源开发利用现状和保护管理的实际需要，确定进行水功能区划的河流为年径流量大于0.1亿m³,且具备下列条件之一的河流:

（1）与全国重要水功能区一致,修订时增加了黑河(黄河上游支流)、渝河、千河等3条河流。

（2）重要水源保护区、饮水水源区。

（3）当地社会经济发展的主要依赖水源,现状开发利用程度较高。

（4）水污染情况比较严重、水质超标。

（5）现状开发利用程度不高,但已有开发利用规划。

（6）省际河流。

各流域纳入水功能区划的河流及特征见表3-2。

（二）一级区划范围

根据上述确定的区划条件,甘肃省三大流域共纳入区划范围的河流121条,湖2个(包括大小苏干湖)。其中,内陆河流域包括疏勒河(含苏干湖水系)、黑河、石羊河三个水系进行一级区划的河流27条,湖2个;黄河流域包括黄河干流、洮河、湟水、渭河、泾河、北洛河等六个水系进行一级区划的河流65条;长江流域嘉陵江水系包括西汉水、白龙江及其支流白水江等共进行一级区划的河流29条。

（三）二级区划范围

对一级区划中划为"开发利用区"的河流区段进行了二级区划,涉及69条河流,内陆河包括疏勒河、石油河、党河、黑河、马营河、梨园河、讨赖河、石羊河、西营河、黄羊河等25条河流,黄河流域包括黄河、庄浪河、祖厉河、关川河、大夏河、洮河、广通河、大通河、渭河、葫芦河、泾河、沭河、蒲河、马莲河、达溪河等39条河流,长江流流域包括青泥河、西汉水、六巷河、石峡河、白龙江等5条河流。

表3-2　甘肃省内陆河流域水功能区划河流特征表

水系	序号	河流	集水面积(km²)	多年平均径流量(亿 m³)	备注	水系	序号	河流	集水面积(km²)	多年平均径流量(亿 m³)	备注
疏勒河	1	疏勒河	13250	10.2		黑河	16	丰乐河	563	0.99	
	2	石油河	3440	0.358			17	洪水坝河	1581	2.51	
	3	白杨河	825	0.415			18	讨赖河	6683	6.2	
	4	榆林河	5494	0.65			19	石羊河	15900	1.456	
	5	党　河	16800	3.28			20	金塔河	841	1.44	
	6	大哈勒腾河	5967	2.98			21	杂木河	880	2.59	
	7	小哈勒腾河	1326	0.662			22	西营河	1455	3.79	
苏干湖	8	大苏干湖			水域面积108km²	石羊河	23	黄羊河	828	1.46	
	9	小苏干湖			水域面积11.6km²		24	古浪河	3361	0.776	
黑河	10	黑河	10009	15.656			25	红水河	3048	2.90	
	11	大堵麻河	229	0.87			26	大靖河	1455	0.129	
	12	洪水河	578	1.26			27	东大河	1614	3.11	
	13	马营河	1143	0.74			28	西大河	811	1.55	
	14	山丹河	1143	1.62			29	金川河	2053	1.23	
	15	梨园河	2240	2.5							

续表3-2 甘肃省黄河流域水功能区划河流特征表

水系	序号	河流	集水面积（km²）	多年平均径流量（亿m³）	备注
黄河干流	1	黄河	56695	307.9	
	2	黑河	7608	9.4	全流域
	3	吹麻滩河	203	0.15	
	4	银川河	457	0.69	
	5	庄浪河	4008	1.98	
	6	宛川河	1862	0.4	
	7	祖厉河	10653	1.48	
	8	关川河	3459	0.57	
	9	大夏河	7154	11.6	
	10	洮河	1509	2.23	
洮河	11	合作河	138	0.24	
	12	老鸦关河	178	0.13	
	13	槐树关河	255	0.19	
	14	红水河	155	0.12	
	15	牛津河	303	0.23	
	16	洮河	25525	49.52	
	17	周科河	1224	3.06	
洮河	18	科才河	1394	2.55	
	19	括合曲	1253	3.39	
	20	博拉河	1696	3.69	
	21	车巴沟	1076	3.1	
	22	大峪河	732	3.85	
	23	冶木河	1333	3.31	
	24	苏集河	785	0.59	
	25	东峪沟	608	0.31	
	26	广通河	1573	3.56	
湟水	27	湟水	32863	43.76	
	28	大通河	15130	28.1	
渭河	29	渭河	25600	21.1	
	30	秦祁河	858	0.18	
	31	咸河	1159	0.23	
	32	榜沙河	3597	5.33	
	33	漳河	1328	1.70	
	34	山丹河	348	0.26	

续表3-2 甘肃省黄河流域水功能区划河流特征表

水系	序号	河流	集水面积（km²）	多年平均径流量（亿m³）	备注
渭河	35	大南河	638	1.25	
	36	散渡河	2484	0.82	
	37	葫芦河	10773	5.03	
	38	渝河	481.3	0.27	
	39	南河	1220	0.47	
	40	水洛河	1680	1.26	
	41	藉河	1267	1.3	
	42	南沟河	295	0.37	
	43	牛头河	1846	1.9	
	44	汤浴河	195	0.24	
	45	樊河	220	0.28	
	46	后川河	465	0.58	
	47	永川河	293	0.37	
	48	通关河	848	1.73	
北洛河	49	干河	3493	3.93	全流域
泾河	50	泾河	14126	15.58	
	51	小路河	280	0.36	
	52	大路河	230	0.29	
	53	泔河	1671	2.03	
	54	石堡子河	358	0.27	
	55	洪河	1336	0.6	
	56	蒲河	7478	2.43	
	57	大黑河	875	1.09	
	58	茹河	1208	0.45	
	59	马莲河	19086	4.75	
	60	柔远川	1488	0.56	
	61	元城川	1383	0.52	
	62	四郎河	783	0.29	
	63	黑河	4255	1.02	
	64	达溪河	1368	1.03	
北洛河	65	葫芦河	2279	0.58	全流域

注：苏集河在康乐以下又称三岔河。

续表3-2 甘肃省长江流域水功能区划河流特征表

水系	序号	河流	集水面积（km²）	多年平均径流量（亿m³）	备注	水系	序号	河流	集水面积（km²）	多年平均径流量（亿m³）	备注
嘉陵江	1	嘉陵江	19440	42.9		嘉陵江	16	平洛河	369	2.24	
	2	红崖河	336	1.69			17	燕子河	1215	1.22	
	3	两当河	168	0.75			18	白龙江	26086	62.8	
	4	永宁河	842	5.11			19	达拉沟	336	2.11	
	5	罗家河	113	0.34			20	腊子沟	253	3.65	
	6	洛河	820	1.82			21	岷江	886	6.07	
	7	青泥河	479	3.71			22	角弓河	125	0.615	
	8	西汉水	9569	16.7			23	拱坝河	493	5.33	
	9	漾水河	271	0.56			24	羊汤河	190	2.04	
	10	固城河	114	0.11			25	五库河	212	1.48	
	11	燕子河	520	1.25			26	白水江	1154	11.2	
	12	洮坪河	287	0.29			27	让水河	337	3.84	
	13	清水河	660	3.53			28	小团鱼河	280	5.60	
	14	六巷河	87.0	0.11			29	大团鱼河	90.0	2.99	
	15	石峡河	175	0.22							

第四章 水功能区划成果

一、全省区划概况

(一)一级水功能区

全省水功能区划涉及121条河流,总河长13321.8km(保护区、保留区、开发利用区按照省内河长统计、缓冲区按照功能区长度统计);湖泊2个,总面积119.6km²,一级区总数188个。其中,保护区53个,占总数的28.2%;保留区43个,占总数的22.9%;开发利用区70个,占总数的37.2%;缓冲区22个,占总数的11.7%。在13321.8km河长中,保护区共2587.8km,占区划总河长的19.4%;保留区3399.9km,占25.5%;开发利用区6546.0km,占48.9%;缓冲区818.1km,占6.1%。大苏干湖面积108km²、小苏干湖面积11.6km²,均为保护区。见表4-1、图4-1、图4-2、附表1。

表4-1　　　　　　　　甘肃省一级水功能区统计表

流域	保护区		保留区		开发利用区		缓冲区		总区划数	总长度(km)
	区划数	长度(km)	区划数	长度(km)	区划数	长度(km)	区划数	长度(km)		
内陆河	18	1093.3	0	0	26	2401.1	0	0	44	3494.4
黄河	29	1293.5	19	1696.4	39	3811.9	16	650.5	103	7452.3
长江	6	201	24	1703.5	5	303	6	167.6	41	2375.1
全省	53	2587.8	43	3399.9	70	6516	22	818.1	188	13321.8
备注	内陆河流域大苏干湖(水域面积108km²)、小苏干湖(面积11.6km²)规划为保护区。									

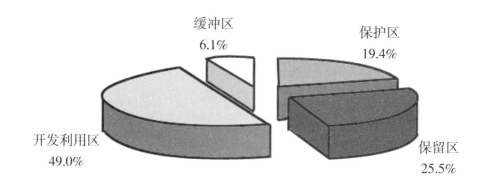

图4-1 全省一级水功能区各类型河长比例图

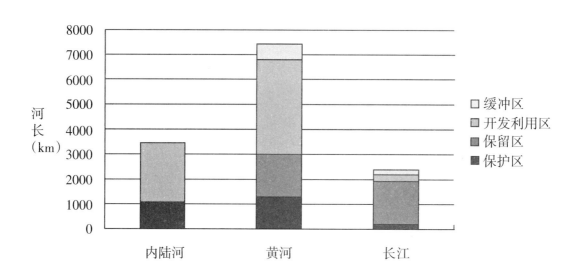

图4-2 全省一级水功能区各类型河长统计图

在全省一级水功能区中,保护区共计53个,区划河长2587.8km,区划湖库面积119.6km²。主要分布在内陆河、黄河、长江流域。保护区的分布与各流域的自然地理条件、水资源及生态环境状况密切相关,各水资源区中保护区的分布和数量存在明显差异。保护区分源头水保护区、重要水源地和自然保护区及重要生境等类型。其中源头水保护区50个,区划河长2398.4km(占保护区总河长的92.7%),区划湖库面积119.6km²。源头水保护区主要位于人烟稀少、人类活动影响较小的河源地区,水资源基本保持在天然、良好状态。自然保护区及重要生生态环境保护区3个,为黑河甘肃生态保护区、黑河若尔盖自然保护区、白龙江碌曲若尔盖源头水保护区,总河长189.4km,占7.3%。见表4-2。

表4-2　　　　　　　　　全省保护区分类统计表

流域	保护区			源头保护区			重要水源地		自然保护区及重要生境	
	个数	河长（km）	面积（km²）	个数	河长（km）	面积（km²）	个数	河长（km）	个数	河长（km）
内陆河	18	1093	119.6	17	931.9	119.6			1	161.4
黄河	29	1293.5		28	1277.5				1	16.0
长江	6	201		5	189.0				1	12.0
全省	53	2587.8	119.6	50	2398	119.6			3	189.4

（二）二级水功能区

全省70个开发利用区中,共划分二级水功能区116个,总河长6516.0km,涉及河流69条,二级水功能区的分布及长度与我省水资源开发利用状况总体一致,其中黄河流域、内陆河流域水资源开发利用高,水功能区划多,内陆河流域开发利用区26个、占37.1%;黄河河流域开发利用区39个,占55.7%;长江流域水资源利用低,共划分5个,占7.1%。按照多用途水功能重复统计,全省农业用水区最多,达到90个,总河长5746.5km;其次是工业用水区55个,总河长3698.8km;饮用水源区25个,总河长729.9km;渔业用水区11个,总河长650.6km。景观娱乐用水区3个,总河长129.5km,主要在疏勒河、党河、黄河;过渡区、排污控制区仅有2个,总河长53.4km,分布在黄河和渭河。见表4-3、图4-3、附表2。

表4-3　　　　　　　　　甘肃省二级水功能区统计表

区域	饮用水源区		工业用水区		农业用水区		渔业用水区	
	区划数	河长（km）	区划数	河长（km）	区划数	河长（km）	区划数	河长（km）
内陆河	5	137	15	1011.4	35	2346.1	2	120
黄河	19	583.4	34	2393.9	48	3097.4	9	530.6
长江	1	9.5	6	293.5	7	303	0	0
全省	25	729.9	55	3698.8	90	5746.5	11	650.6

区域	景观娱乐用水区		过渡区		排污控制区		总区划数	总河长（km）
	区划数	河长（km）	区划数	河长（km）	区划数	河长（km）		
内陆河	2	94	0	0	0	0	37	2401.1
黄河	1	35.5	2	37.6	2	15.8	72	3811.9
长江	0	0	0	0	0	0	7	303
全省	3	129.5	2	37.6	2	15.8	116	6516
备注	多用途水功能区重复统计,总区划和总河长不包括重复统计数量。							

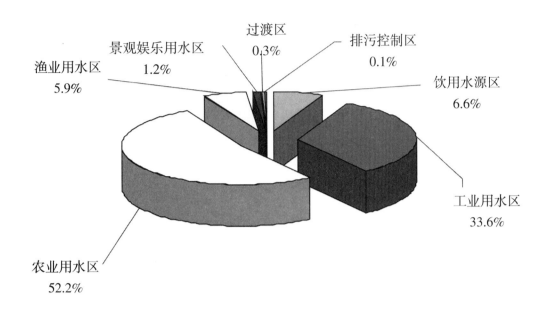

图4-3　全省水功能二级区各类型河长比例图

（1）饮用水源区

饮用水源区25个，区划河长729.9km。其中，内陆河流域5个，占20.0%；黄河流域19个，占76.0%；长江流域1个，占4.0%。饮用水源区一般位于大中城市、县级城市上游水域和规划饮用取水水域，其分布与城镇密集度、生活用水量和水污染状况等有关。兰州市、白银市等城市饮用水源地均在饮用水源区内。见附表2-1。

（2）工业用水区

工业用水区55个，区划河长3698.8km。其中，内陆河流域15个，占27.3%；黄河流域34个，占61.8%；长江流域6个，占10.9%。工业用水区总体分布特点是集中在城镇附近，内陆河流域、黄河流域水功能区较多。

（3）农业用水区

农业用水区90个，总河长5746.5km。其中，内陆河流域35个，占38.9%；黄河流域48个，占53.3%；长江流域7个，占7.8%。农业用水区总体分布特点是内陆河流域土地资源丰富，灌区的分布广，农业用水多，灌溉面积大,水功能区划较多。见附表2-3。

(4)渔业用水区

渔业用水区11个,区划河长650.6 km。其中,内陆河流域2个,占18.2%;黄河流域9个,占81.8%;长江流域没有划分渔业用水区。见附表2-4。

(5)景观娱乐用水区

景观娱乐用水3个,区划河长129.5km。内陆河流域2个,占66.7%;黄河流域1个,占33.3%;长江流域没有划分景观娱乐用水区。见附表2-5。

(6)过渡区

过渡区2个,区划河长37.6km。过渡区分布及长度取决于相邻功能区的水质差别、水量、流速大小等。黄河、渭河各划分了1个过渡区,内陆河、长江流域没有划分过渡区。见附表2-6。

(7)排污控制区

排污控制区2个,区划河长15.8km,全部为河流型。排污控制区长度占二级水功能区河长的0.2%,所占比例较小,符合严格控制的原则。黄河流域废污水排污量占到全省80%,黄河、渭河各划分了1个排污控制区,内陆河流域、长江流域没有划分排污控制区。见附表2-7。

二、水功能区水质目标

按照水体使用功能的要求,根据《水功能区划分标准》(GB/T 50594)及《地表水环境质量标准》(GB3838)、《农田灌溉水质标准》(GB5084)、《渔业水质标准》(GB11607)等,结合水资源开发利用和水质现状,合理确定各类型水功能区的水质目标。

全省河流湖泊水功能区共计234个(不包括开发利用区),有216个水功能区的水质目标确定为Ⅲ类或优于Ⅲ类,占水功能一、二级区河长的92.3%。长江流域的水功能区水质目标高于内陆河流域、黄河流域;长江流域水质目标确定为Ⅲ类或优于Ⅲ类,占水功能一、二级区总数的

97.7%；内陆河流域水质目标确定为Ⅲ类或优于Ⅲ类，占水功能一、二级区总数的89.5%；黄河流域水质目标确定为Ⅲ类或优于Ⅲ类，占水功能一、二级区总数的91.1%。见表4-4。

表4-4　　　　　　　全省水功能区水质目标统计表

流域	不同类别的水功能区数量						
	Ⅱ	Ⅲ	Ⅳ				
	个数	河长	个数	河长（km）	面积（km²）	个数	河长（km）
内陆河	22	1162.9	29	2206	11.6	3	125.5
黄河	50	2308.2	73	4038.7		8	953.1
长江	19	914	23	1436.1		1	25.0
全省	91	4385.1	125	7680.8	11.6	13	1103.6

流域	不同类别的水功能区数量					Ⅲ类及优于Ⅲ类的个数比例（%）	Ⅲ类及优于Ⅲ类的河长比例（%）
	Ⅴ		排污控制区目标水质				
	个数	河长（km）	面积（km²）	个数	河长（km）		
内陆河	1		108			89.5	96.4
黄河	2	136.5		2	15.8	91.1	85.2
长江						97.7	98.9
全省	3	136.5	108	2	15.8	92.3	90.7

三、内陆河流域水功能区划

（一）区划概况

根据内陆河流域实际情况，本次水功能一级区划方案，对年来水量在0.1亿m³以上、符合区划条件的27条河及2个湖进行了区划，总河长3494.4km，湖泊水域面积119.6km²。其中，保护区18个，占总数的40.9%；开发利用区26个，占总数的59.1%；在3494.4km河长中，保护区共

1093.3km,占区划总河长的31.3%;开发利用区2401.1km,占68.7%;大苏干湖面积108 km²、小苏干湖面积11.6km²,全是保护区。

二级区划在一级区划的基础上,对其开发利用区进行更进一步的细分。共划分出水功能二级区37个,河长2401.1km,涉及河流25条。其中:饮用水源区5个,河长137.0km;工业用水区15个,河长1011.4km;农业用水区35个,河长2346.1km;渔业用水区2个,河长120.0km;景观娱乐用水区2个,河长94.0km。

(二)一级水功能区

(1)保护区

根据流域特点、水资源开发利用现状、经济社会发展规划,并结合国家、省、市(地)三级自然保护区范围,对15条较大的河流和2个内陆湖,在源区共划定17个保护区。这些区域主要集中在深山无人区或人口稀少区,与国家级祁连山水源涵养林珍稀动物保护区及省级苏干湖野生动物保护区的范围一致。对大哈勒腾河划分了2个保护区,其中把红崖子以上区域划为源头水保护区,对红崖子以下区域,考虑到拟议中的引哈济党调水规划实施的可能性,将此段划为调水水源保护区。这些区域是内陆河的产流区和水源涵养区,限制对生态和自然环境及气候可能带来不利影响人类活动,对保护植被、防止水土流失、冰川萎缩,遏制水资源减少趋势是非常必要的;黑河下游正义峡至哨马营划分为生态保护区。因此所划定的保护区的范围既符合区划大纲的要求,也符合内陆河流域水资源保护的需要。

(2)保留区
内陆河流域水资源利用程度高,没有划分保留区。

(3)开发利用区
内陆河流域划定26个开发利用区,对发源于浅山区流域面积较小、河长较短的小河流从源头起整河划为开发利用区，对疏勒河、党河、讨赖河、黑河、东大河、西大河、西营河、杂木河、黄羊河等较大的河流，一般从有人类活动的浅山区或出山口开始到河流消失全部划为开发利用区。这一区域是水资源的主要耗散区，人类活动强烈，工农业生产集中，人口、城镇密集，是河西走廊的主要经济带。因此区划理由是充分的，符合流域经济社会发展对水资源的需求状况。

（4）缓冲区

疏勒河、党河、大苏干湖等内陆河河流跨省界，但位于流域上游，在深山无人区或人口稀少区，水质没有受到污染，没有划分缓冲区。黑河下游从正义峡到哨马营虽然跨省界，但是重点生态环境保护区，划为生态保护区，因此也没有划分缓冲区。

（三）二级水功能区

对26个开发利用区，根据行业部门的水功能需求又细分为37个二级区。水功能二级区中除白杨河、石油河划为专门的饮用水源区外，其它均为混合用水区，以农业用水区居多，占区划总数的94.6%；工业用水区次之，占40.5%。这与以农业为主的内陆河流域的经济结构是吻合的，基本反映了水资源在行业间的配置状况。

水功能区划时充分考虑到了农村电气化等有关专项规划，在疏勒河、讨赖河、黑河和杂木河上游有正在运行和规划的水电站建设项目，但按照水功能区划技术规范的要求，又充分考虑到上述区域已经被列为国家级水源涵养和珍稀动物保护区的范围，且对内陆河流域水资源、生态环境保护至关重要，因此仍然划为保护区。水电站是相对较清洁、微耗水、生态环境影响较小的水资源开发利用项目，但必须防止因盲目过渡的开发建设对河流生态环境带来的不利影响，所有建设必须通过建设项目环境影响评价。通过环评的项目，在建设过程中要严格控制建设规模，积极采用新技术、新工艺,尽量缩短建设周期,减少对周边生态植被的破坏。但从根本和长远上来说,必须限制对区域水环境质量和生态有影响的人类活动。

四、黄河流域水功能区划

(一)区划概况

黄河流域黄河干流、洮河、湟水、渭河、泾河、北洛河等水系,符合一级区划条件的河流共纳入65条,共划分一级区103个,总河长7452.3km。其中,保护区29个,占总数的28.2%;保留区19个,占总数的18.5%;开发利用区39个,占总数的37.9%;缓冲区16个,占总数的15.5%。在7452.3km河长中,保护区共1293.5km,占区划总河长的17.4%;保留区1696.4km,占22.8%;开发利用区3811.9km,占51.2%;缓冲区650.5km,占8.7%。

二级区划在一级区划的基础上,对其开发利用区进行更进一步的细分,结合甘肃省黄河流域的具体情况,划分二级区72个,总河长3811.9km,涉及河流39条。其中:饮用水源区19个,河长583.4km;工业用水区34个,河长2393.9km;农业用水区48个,河长3097.4km;渔业用水区9个,河长530.6km;景观娱乐区1个,河长35.5km;排污控区2个,河长15.8km;过渡区2个,河长37.6km。

(二)一级水功能区

(1)保护区

黄河流域划分29个源头水保护区,涉及29条主要河流,基本涵盖了洮河、大夏河、泾河、渭河、北洛河的干流和主要支流。范围是这些河流的水源涵养区,有些被列为国家、省、市(地)级自然保护区(如洮河上游的尕海)。这些区域,一方面人类活动、水资源的开发利用程度轻微,另一方面对流域水资源保护和生态环境影响较大，因此，必须通过划定保护区采取限制性措施。

（2）保留区

黄河流域划分保留区19个，涉及19条河流（黄河干流木拉–兰后马场）。这些河流或河段分两种情况：一种是区域经济发展相对滞后，水资源开发利用程度较低，如黄河干流的玛曲段，大夏河洮河上游的咯河、合作河、牛津河，渭河与泾河上游的山丹河、大南河、汤峪河、南河、樊河、大路河、小路河、洪河、茹河等；一种是河流天然水质较差的苦咸水河流，主要分布在中部干旱地区以及陇东地区，如祖厉河、马莲河等。这些划为保留区的河流，将来随着经济的发展和咸水淡化技术提高可逐步调整为开发利用区，以提高水资源的利用率，促进地方经济的发展。

（3）开发利用区

黄河流域划分开发利用区39个，主要集中在人口、城镇、产业密集带的区域，水资源开发利用程度较高，同时人类活动对水环境及生态环境的影响也较大。如黄河干流兰州、白银段，洮河青走道以下段，渭河渭源以下段，泾河平凉以下段以及这些水系的部分支流等。

（4）缓冲区

黄河流域划分16个缓冲区，均为省界区域，与黄河水利委员会划分的结果基本保持一致，主要包括黄河、湟水、大通河、渭河、葫芦河、渝河、通关河、泾河、洪河、茹河、四郎河、黑河（泾河支流）等条河流，除达溪河陕甘缓冲区外，其他都是全国重点水功能区。除泾河陕甘段、茹河宁甘段水质目标是Ⅳ类外，其他缓冲区水质目标都是Ⅲ类。

湟水甘肃段目前有一定规模的工农业用水量，但湟水口距兰州市供水水源地不足30km，其水质的好坏对水源地的水质影响较大，为了确保兰州市民的饮水安全，必须划为缓冲区，排除大规模的开发利用活动可能对水质带来的不安全因素。对已有的工农业取排水可能对水质产生的影响，则要严格监控，杜绝污水超标排放。

（三）二级水功能区

水功能二级区中以农业用水区居多,占区划总数的66.7%,工业用水区次之,占47.2%;饮用水源区占26.4%;渔业用水区占12.5%、景观娱乐用水区、过渡区、排污控制区所占比例分较少,不到3%。用水区组成基本反映了流域经济结构,与内陆河流域比较农业用水区比例下降,工业用水区比例上升,这与该流域集中了兰州、白银、天水等主要工业城市有关,符合流域实际情况。

五、长江流域水功能区划

（一）区划概况

甘肃省长江流域一级区划包括西汉水、白龙江及其支流白水江等29条河流。共划分一级区43个,总河长2375.1km。其中,保护区6个,占总数的14.6%;保留区24个,占总数的58.5%;开发利用区5个,占总数的12.2%;缓冲区6个,占总数的14.6%。在2375.1km河长中,保护区共201.0km,占区划总河长的8.5%;保留区1703.5km,占71.7%;开发利用区303.0km,占12.8%;缓冲区167.6km,占7.0%。

二级区划在一级区划的基础上,对其开发利用区进行更进一步的细分,结合甘肃省长江流域的具体情况,划分二级水功能区7个,总河长303.3km,涉及5条河流。其中:饮用水源区1个、河长9.5km;工业用水区6个、河长293.5km;农业用水区7个、河长303.0km。

（二）一级水功能区

（1）保护区

长江流域划分6个保护区,分布于嘉陵江水系主要河流的源头,其中白水江文县、武都为国家级大熊猫、金丝猴、羚羊等野生动物保护区,其它则是源头水涵养区,对整个流域的生态环境有重要影响,按照区划技术规范要求必须划为保护区;白龙江上游是重要的生态环境保护区,在我省碌曲县内河长12km,划为保护区。

(2)保留区

长江流域划分24个保留区,占一级区划总数的58.5%,比重较大,除"西汉水礼县、成县保留区"外,其余均为开发利用程度不高的河流、河段,这反映了目前甘肃长江流域水资源整体开发利用程度不高的现实。划分为保留区后,按照保护水质目标进行管理,今后可根据经济发展水平对功能区进行调整。

(3)开发利用区

长江流域在青泥河、西汉水、白龙江等5条河流划分5个开发利用区,分别为青泥河徽县、成县开发利用区,西汉水成县康县开发利用区,六巷河西和、成县开发利用区,石峡河西和开发利用区,白龙江舟曲、武都开发利用区。这些区域是人口、城镇密集,社会经济相对发达的区域,所划分的开发利用区能够满足经济社会发展对水资源的需求。

(4)缓冲区

长江流域在嘉陵江、洛河、青泥河、西汉水、燕子河、白水江等6条河流划分6个缓冲区,总河长167.6km,嘉陵江、白水江水质目标为Ⅱ类,其他河流水质目标为Ⅲ类,省界区域、水质目标与长江水利委员会水功能区划成果保持一致。

(三)二级水功能区

长江流域划分7个水功能二级区,其中6个工业、农业混合用水区,一个饮用、农业混合用水区。水功能二级区较少,占长江流域区划总数的

16.3%。这与流域现状水资源开发利用程度低有关，符合流域实际情况。

由于地理条件的特点，长江流域蕴藏着较大水能资源，近年来出现了水电开发热，根据农村水电站建设等专项规划，在白龙江、白水江上游及嘉陵江干流拟建多座水电站，而这些水电站的位置在保护区、保留区和缓冲区的范围之内，其中包括白水江国家级大熊猫、金丝猴、羚羊等野生动物保护区，嘉陵江陕甘缓冲区，白龙江迭部保留区等。拟定的水功能区是根据国家颁布的自然保护区范围、流域机构的区划方案以及技术规范、规定确定的。今后对区内的水电站建设项目要严格执行建设项目环境影响评价，把水电站的建设控制在对功能区水环境和生态环境影响允许范围之内。

第五章 成果分析

修订的全省地表水功能区共234个，涉及121条河流，总河长13321.8km；2个湖泊，总面积119.6km²。其中一级区水功能区188个，总河长13321.8km；二级水功能区116个，总河长6516.0km，涉及69条河流。与2007年省政府批复的水功能区划比较，黄河、渭河等河流与原区划一致，黑河、泾河、白龙江等河流有较大变化。原区划水质目标是"Ⅰ"的保护区，水质目标修改为"Ⅱ"。

与原区划比较，一级水功能区增加5个，总河长增加234.9km。其中保护区增加了5个、总河长增加了394.3km；保留区减少了1个，总河长增加了24.3km；开发利用区个数没有变化，总河长减少了379.9km；缓冲区增加1个，总河长增加了197.1km。详见表5-1。

表5-1　　　　　　　甘肃省一级功能区增减分析表

区域	保护区		保留区		开发利用区		缓冲区		总区划数增减	总长度增减（km）
	区划数增减	长度增减（km）	区划数增减	长度增减（km）	区划数增减	长度增减（km）	区划数增减	长度增减（km）		
内陆河	1	179.4	−1	−86	1	−6	−1	−33	0	54.4
黄河	4	232.9	0	1	0	−220.5	1	160.5	5	173.9
长江	0	−18	0	108.4	−1	−153.4	1	69.6	0	6.6
全省	5	394.3	−1	23.4	0	−379.9	1	197.1	5	234.9

与原区划比较,二级水功能区数量未增减,总河长减少了379.9km。其中饮用水源区数量未增减,总河长减少了128.8km;工业用水区减少了1个,总河长减少了392.3km;农业用水区减少了1个,总河长减少了396.2km;渔业用水区减少了1个,总河长减少了153.4km;景观娱乐用水区减少了1个,总河长减少了71.8km;过渡区、排污控制区水功能区总个数、总河长都没有变化。

表5-2　　　　　　　　　甘肃省二级水功能区增减分析表

区域	饮用水源区		工业用水区		农业用水区		渔业用水区	
	区划数增减	长度增减(km)	区划数增减	长度增减(km)	区划数增减	长度增减(km)	区划数增减	长度增减(km)
内陆河	0	0	0	−92.2	1	−6	0	0
黄河	−1	−137.7	0	−137.2	−2	−236.8	0	0
长江	1	9.5	−1	−162.9	0	−153.4	−1	−153.4
全省	0	−128.2	−1	−392.3	−1	−396.2	−1	−153.4

区域	景观娱乐用水区		过渡区		排污控制区		总区划数增减	总长度增减(km)
	区划数增减	长度增减(km)	区划数增减	长度增减(km)	区划数增减	长度增减(km)		
内陆河	0	0	0	0	0	0	1	−6
黄河	−1	−71.8	0	0	0	0	−1	−220.5
长江	0	0	0	0	0	0	0	−153.4
全省	−1	−71.8	0	0	0	0	0	−379.9

一、内陆河流域

内陆河流域修订后共有水功能区55个(不包括开发利用区),涉及河流27条,总河长3494.4km;2个湖泊,总面积119.6km²。其中一级区水功能区44个,总河长3494.4km;二级水功能区37个,总河长2401.1km,涉及河流25条。榆林河、党河、大苏干湖、小苏干湖、大哈勒腾河、小哈勒腾河、大堵麻河、洪水河、马营河、山丹河、梨园河、丰乐河、洪水坝河、石羊河、金塔河、杂木河、西营河、黄羊河、古浪河、大靖河、东大河、红水河、西大河、金川河等24条河与原区划完全一致，疏勒河、石油河、讨赖河等3条河流保护区水质目标由"Ⅰ"修改为"Ⅱ"，白杨河肃南饮用水源区水质目标由"Ⅰ"修改为"Ⅱ"，这4个水功能区名称、河长等都没有变化。黑河水功能区变化较大，黑河干流总河长原为821km，根据黑河流域管理局提供的资料，黑河干流河长为928km，甘肃省境内总河长由409km修改为451.4km，相应水功能区的河长有变化；"黑河青甘保留区"修改为"黑河青甘开发利用区"相应二级区修改为"黑河青甘农业用水区"，水质目标由"Ⅱ"修改为"Ⅲ"。

二、黄河流域

黄河流域修订后共有水功能区136个（不包括开发利用区），涉及河流65条，总河长7452.3km。其中一级区水功能区103个，总河长7452.3km；二级水功能区72个，总河长3811.9km，涉及河流39条。

（1）与原区划一致的河流

黄河干流水系：黄河干流、吹麻滩河、银川河、宛川河、祖厉河、关川河等6条河流。

洮河、大夏河水系：咯河、合作河、红水河、牛津河、洮河、冶木河、苏集河、东峪沟、广通河等9条河流。

湟水水系：湟水。

渭河水系：渭河、秦祁河、咸河、漳河、山丹河、大南河、散渡河、葫芦河（渭河水系）、南河、水洛河、耤河、南沟河、牛头河、汤浴河、樊河、通关河、后川河等17条河流。

泾河水系：小路河、大路河、汭河、石堡子河、洪河、大黑河、茹河、柔远川、元城川、四郎河、黑河（泾河水系）、达溪河等12条河流。

以上42条河流水功能区划成果与原区划完全一致。

（2）增加的河流

根据《全国重要江河湖泊水功能区划（2011-2030年）》,增加了黑河（黄河干流水系）、渝河、千河等3条河流、4个水功能区。分别是黑河若尔盖自然保护区（138.0km,境内16.0km）、渝河宁甘缓冲区（11.0km）、渝河静宁饮用、工业、农业用水区（12.0km）、千河甘陕源头水保护区（41.1 km,境内 21.0km）。

（2）水质目标变化的河流

庄浪河、大夏河、老鸦关河、槐树关河、周科河、科才河、括合曲、博拉河、车巴沟、大峪河、榜沙河、永川河等12条河流保护区、水质目标由"Ⅰ"修改为"Ⅱ",水功能区名称、河长等都没有变化。

泾河甘陕缓冲区水质目标由"Ⅲ"修改为"Ⅳ",泾河甘陕缓冲区多年水质监测结果为Ⅴ类和劣Ⅴ类,"Ⅲ"水质目标偏高,改为"Ⅳ"符合实际情况。

马莲河环县、庆城、合水、宁县工业、农业用水区水质目标由"Ⅲ"修改为"Ⅳ"。

（3）修订变化较大的河流

修订后变化较大的河流有大通河、蒲河、葫芦河（北洛河水系）等5条河流。

大通河原为"大通河青甘缓冲区（33.4km）"、"大通河天祝、永登、红古开发利用区 （71.8km）"2个功能区。这次修改为 "大通河青甘缓冲区（33.4km）"、"大通河红古农业工业用水区 （57.2km）"、"大通河甘青缓冲区（14.6km）"等3个功能区,增加了一个缓冲区,总河长、水质目标没有变化。

泾河原为 "泾河宁甘缓冲区 （14.6km）"、"泾河崆峒区饮用水源区（5.0km）"、"泾河崆峒、泾川工业、农业用水区（77.0km）"、"泾河泾川、宁县农业用水区（59.5km）"、" 泾河甘陕缓冲区（33.1km）"等5个功能区。这次修改为"泾河宁甘缓冲区"（22.5km）、"泾河崆峒、泾川工业、农业用水区（75.5km）"、"泾河泾川、宁县农业用水区（59.5km）"、"泾河甘陕缓冲区（43.3km）"等4个水功能区，去掉了"泾河崆峒区饮用水源区（5.0km）"。泾河一级区水功能区"崆峒、泾川、宁县开发利用区"修改为"泾河甘肃开发利用区"。

蒲河原为"环县、镇原、西峰饮用水源区（141.8km）"、"蒲河西峰、镇原、泾川、宁县农业用水区（62.2km）"2个水功能区，这次修改为"蒲河宁甘源头水保护区（53.2km）"、"蒲河镇原、西峰饮用水源区（68.9km）"、"蒲河西峰、镇原、泾川、宁县农业用水区（62.2km）"等3个水功能区。增加了1个源头水保护区。水质目标没有变化。

马莲河原为"马莲河环县、庆城、合水、宁县工业、农业用水区（374.8km）"1个水功能区，这次修改为"马莲河定边源头水保护区（99.7km）"、"马莲河环县、庆城、合水、宁县工业、农业用水区（275.1km）"，水质目标，总河长没有变化。

葫芦河（北洛河水系）原为"葫芦河华池源头水保护区（45.0km）"、"葫芦河华池、合水农业用水区（40.0km）"、"葫芦河甘陕缓冲区（4.0km）"等3个水功能区，这次修改为"葫芦河甘陕源头水保护区（140.8km，境内89.0km）"1个水功能区。水质目标，总河长没有变化。

三、长江流域

长江流域修订后共有水功能区43个（不包括开发利用区），涉及河流29条，总河长2375.1km。其中一级区水功能区41个，总河长2375.1km；二级水功能区7个，总河长303.0km，涉及河流5条。

（1）与原区划一致的河流

嘉陵江、红崖河、永宁河、罗家河、洛河、漾水河、固城河、燕子河、洮坪河、清水河、六巷河、石峡河、平洛河、燕子河、角弓河、羊汤河、五库河、小团鱼河、大团鱼河等19条河流水质目标、河长与原区划完全一致。

（2）水质目标变化的河流

青泥河、西汉水、达拉沟、腊子沟、岷江、拱坝河、让水河等7条河流保护区，水质目标由"Ⅰ"修改为"Ⅱ"，水功能区名称、河长等都没有变化。

（3）修订变化较大的河流

根据《甘肃省四级河流划分报告》，庙河改为两党河，因此原区划"庙河两当保留区（62.1km）"修改为"两党河两当保留区（62.1km）"。水质目标不变。

白龙江原区划为"白龙江迭部保留区（203km）"、"白龙江舟曲、宕昌、武都工业、农业用水区（83km）"、"白龙江武都工业、农业用水区（14km）"、"白龙江文县、武都工业、农业、渔业用水区（153.4km）"、"白龙江甘陕缓冲区（12km）"等5个水功能区。这次修改为"白龙江碌曲若尔盖源头水保护区（78.0km，境内12.0km）""白龙江迭部、舟曲保留区（123km）"、"白龙江舟曲、宕昌、武都工业、农业用水区（83km）"、"白龙江武都饮用、农业用水区（9.5km）"、"白龙江武都工业、农业用水区（4.5km）"、"白龙江武都、广元保留区（243.0km,境内165.4km）"等6个水功能区，总河长由465.4km修改为397.4km。水质目标不变。

白水江原区划为"白水江文县保护区（30km）"、"白水江文县保留区（50km）"2个水功能区，这次修改为"白水江川甘缓冲区（15km）"、"白水江文县保留区（90km）"，水质目标是"Ⅱ"，没有变化。

第六章　管理措施

为使水功能区划在水资源合理开发和有效保护中发挥应有的作用，应当建立健全配套管理制度，建立水利和环保等部门之间协同配合监管机制，应当加大监督执行力度。要监督排污，控制排污，加强生态环境保护。通过必要的工程措施，控制面污染源，进行污染源综合治理，修复水体功能。通过调整产业结构，改变用水结构，优化用水结构，逐步向低耗水、低污染方向发展，保障我省水资源的可持续利用。

一、开展水功能区勘界立碑工作

《甘肃省地表水功能区划》已通过省政府批准，为使其尽快发挥作用，急需开展各水功能区确界立碑工作，以明确各水功能区的具体地点和范围、水体功能、水质保护目标等，并要建立水功能区管理台帐。

二、提高水功能区水质监测覆盖率

目前，全省现有的水质监测站和监测手段都不能满足水功能区水质监测评价的需要，亟待对现有的水质监测站网进行优化、调整和完善，积极推进监测技术现代化。在黄河、渭河、洮河等重要河流控制断面处建立自动监测站，配置移动监测实验室，确保对主要水功能区的水质全面、快速、准确的监测与评价，以提高水功能区监测覆盖率。

三、建立水功能区限制纳污红线制度

水功能区限制纳污红线是最严格水资源管理制度之一，是实施最严格水资源管理制度的重要内容，是水资源可持续利用和管理的基础依据。建立实施甘肃省水功能区限制纳污红线制度，把水功能区水质达标率、限制排污总量、饮用水源地达标率等纳污控制指标分解细化至各行政区,确保实现水资源开发利用和节约保护的目标。

四、加强入河排污口监督管理

根据水利部《入河排污口管理办法》(2004年11月)要求,制定《甘肃省入河排污口管理实施细则》,强化入河排污口监督管理。随着社会经济的快速发展和产业结构的调整，排污口的位置和废污水的排放量会发生一定的变化，各级水行政主管部门应及时进行入河排污口核查和变更登记工作。通过对各排污口排污量和主要污染物全面监测，摸清排污口的基本状况，建立排污口数据库和管理台帐，为水功能区的有效管理和目标控制提供依据。

附表 1 甘肃省地表水一级水功能区划成果表

序号	编码	一级水功能区名称	流域	水系	河流、湖库	范围 起始断面	范围 终止断面	长度 (km)	面积 (km²)	水质目标	代表断面	备注
1	K0203000101000	疏勒河玉门源头水保护区	内陆河	疏勒河	疏勒河	源头	昌马水文站	328.0		II	昌马水文站	全国重要，源头水，境内80km
2	K0203000203000	疏勒河玉门、瓜州开发利用区	内陆河	疏勒河	疏勒河	昌马水文站	西湖	260.0		按二级区划执行		全国重要
3	K0203000601000	石油河肃南、肃北源头水保护区	内陆河	疏勒河	石油河	源头	毛布拉	40.0		II	毛布拉	源头水
4	K0203000703000	石油河玉门开发利用区	内陆河	疏勒河	石油河	毛布拉	花海	90.0		按二级区划执行		
5	K0203000803000	白杨河肃南、玉门开发利用区	内陆河	疏勒河	白杨河	源头	入石油河口	90.0		按二级区划执行		
6	K0203000503000	榆林河肃北、瓜州开发利用区	内陆河	疏勒河	榆林河	源头	芦草沟	132.0		按二级区划执行		
7	K0203000301000	党河肃北源头水保护区	内陆河	疏勒河	党河	源头	别盖	248.0		II	别盖	全国重要，源头水，境内210km
8	K0203000403000	党河肃北、敦煌开发利用区	内陆河	疏勒河	党河	别盖	入疏勒河口	142.0		按二级区划执行		全国重要
9	K0203001001000	大苏干湖保护区	内陆河	苏干湖	大苏干湖	大苏干湖	大苏干湖		108.0	V	大苏干湖	
10	K0203001101000	小苏干湖保护区	内陆河	苏干湖	小苏干湖	小苏干湖	小苏干湖		11.6	III	小苏干湖	

附表 1 甘肃省地表水一级水功能区划成果表

序号	编码	一级水功能区名称	流域	水系	河流、湖库	范围		长度（km）	面积（km²）	水质目标	代表断面	备注
						起始断面	终止断面					
11	K0203001201000	大哈勒腾河阿克赛源头水水保护区	内陆河	苏干湖	大哈勒腾河	野马河入口	红崖子	95.0		Ⅱ	红崖子	源头水
12	K0203001301000	大哈勒腾河阿克赛调水水源保护区	内陆河	苏干湖	大哈勒腾河	红崖子	黑刺沟	49.0		Ⅱ	红崖子	调水水源保护区
13	K0203001401000	小哈勒腾河阿克赛源头水水保护区	内陆河	苏干湖	小哈勒腾河	源头	哈腊托别	70.0		Ⅱ	哈腊托别	源头水
14	K0202000203000	黑河青甘开发利用区	内陆河	黑河	黑河	扎马什克水文站	莺落峡	111.5		按二级区划执行		全国重要，境内86.0km
15	K0202000303000	黑河甘肃开发利用区	内陆河	黑河	黑河	莺落峡	正义峡	204.0		按二级区划执行		全国重要
16	K0202000401000	黑河甘肃生态保护区	内陆河	黑河	黑河	正义峡	哨马营	161.4		Ⅲ	鼎新	全国重要，自然保护区及重要生境
17	K0202001503000	大堵麻河肃南、民乐开发利用区	内陆河	黑河	大堵麻河	源头	杨坊	31.0		按二级区划执行		
18	K0202001603000	洪水河民乐开发利用区	内陆河	黑河	洪水河	源头	六坝	74.5		按二级区划执行		
19	K0202001803000	马营河山丹开发利用区	内陆河	黑河	马营河	源头	位奇	87.0		按二级区划执行		
20	K0202001903000	山丹河山丹、甘州开发利用区	内陆河	黑河	山丹河	位奇	入黑河口	98.0		按二级区划执行		

附表 1 甘肃省地表水一级水功能区划成果表

序号	编码	一级水功能区名称	流域	水系	河流、湖库	范围 起始断面	范围 终止断面	长度（km）	面积（km²）	水质目标	代表断面	备注
21	K0202001301000	梨园河肃南源头水保护区	内陆河	黑河	梨园河	源头	白泉门	25.0		II	白泉门	源头水
22	K0202001403000	梨园河肃南、临泽开发利用区	内陆河	黑河	梨园河	白泉门	入黑河口	118.0		按二级区划执行		
23	K0202001103000	丰乐河肃南、肃州开发利用区	内陆河	黑河	丰乐河	源头	下河清	99.0		按二级区划执行		
24	K0202000701000	讨赖河肃南源头水保护区	内陆河	黑河	讨赖河	青甘省界	镜铁山	63.0		II	镜铁山	源头水
25	K0202000803000	讨赖河肃南、嘉峪关、肃州、金塔开发利用区	内陆河	黑河	讨赖河	镜铁山	金塔	130.0		按二级区划执行		
26	K0202000901000	洪水坝河肃南源头水保护区	内陆河	黑河	洪水坝河	源头	羊露河口	70.0		II	羊露河口	源头水
27	K0202001003000	洪水坝河肃南、肃州开发利用区	内陆河	黑河	洪水坝河	羊露河口	入讨赖河	63.0		按二级区划执行		
28	K0201000103000	石羊河凉州、民勤开发利用区	内陆河	石羊河	石羊河	武威松涛寺	红崖山水库	60.0		按二级区划执行		
29	K0201000100100	金塔河凉州源头水保护区	内陆河	石羊河	金塔河	源头	南营水库	50.0		II	南营水库	源头水

附表 1 甘肃省地表水一级水功能区划成果表

序号	编码	一级水功能区名称	流域	水系	河流、湖库	范围		长度（km）	面积（km²）	水质目标	代表断面	备注
						起始断面	终止断面					
30	K02010011103000	金塔河凉州开发利用区	内陆河	石羊河	金塔河	南营水库	入石羊河口	52.0		按二级区划执行		
31	K02010012101000	杂木河天祝源头水保护区	内陆河	石羊河	杂木河	源头	毛藏寺	20.0		Ⅱ	毛藏寺	源头水
32	K02010013303000	杂木河天祝、凉州开发利用区	内陆河	石羊河	杂木河	毛藏寺	武南	60.0		按二级区划执行		
33	K02010000801000	西营河肃南源头水保护区	内陆河	石羊河	西营河	源头	铧尖	47.5		Ⅱ	铧尖	源头水
34	K02010000903000	西营河肃南、凉州开发利用区	内陆河	石羊河	西营河	铧尖	入石羊河口	76.5		按二级区划执行		
35	K02010001401000	黄羊河天祝源头水保护区	内陆河	石羊河	黄羊河	源头	哈溪镇	32.0		Ⅱ	哈溪镇	源头水
36	K02010001503000	黄羊河凉州开发利用区	内陆河	石羊河	黄羊河	哈溪镇	赵家庄	45.0		按二级区划执行		
37	K02010001603000	古浪河天祝、古浪开发利用区	内陆河	石羊河	古浪河	源头	永丰堡	80.0		按二级区划执行		
38	K02010001703000	大靖河天祝、古浪开发利用区	内陆河	石羊河	大靖河	源头	大靖	48.0		按二级区划执行		
39	K02010000601000	东大河肃南源头水保护区	内陆河	石羊河	东大河	源头	皇城水库	47.4		Ⅱ	皇城水库	源头水

056

附表 1　甘肃省地表水一级水功能区划成果表

序号	编码	一级水功能区名称	流域	水系	河流、湖库	范围 起始断面	范围 终止断面	长度（km）	面积（km²）	水质目标	代表断面	备注
40	K02010000703000	东大河肃南、永昌、凉州开发利用区	内陆河	石羊河	东大河	皇城水库	金山	85.6		按二级区划执行		
41	K02010000753000	红水河凉州开发利用区	内陆河	石羊河	红水河	源头	入石羊河口	54.0		按二级区划执行		
42	K02010000201000	西大河肃南源头水保护区	内陆河	石羊河	西大河	源头	西大河水库	33.0		Ⅱ	西大河水库	源头水
43	K02010000303000	西大河肃南、永昌开发利用区	内陆河	石羊河	西大河	西大河水库	金川峡水文站	80.0		按二级区划执行		
44	K02010000401000	金川河永昌、金川开发利用区	内陆河	石羊河	金川河	金川峡水文站	下四分	55.5		按二级区划执行		
45	D01010000202000	黄河青甘川保留区	黄河	黄河干流	黄河	黄河沿水文站	龙羊峡大坝	1417.2		Ⅱ	玛曲桥	全国重要，境内433.0km
46	D02040000204000	黄河青甘缓冲区	黄河	黄河干流	黄河	清水河入口	朱家大湾	41.5		Ⅱ	大河家	全国重要，青甘省界河段
47	D02040000303000	黄河甘肃开发利用区	黄河	黄河干流	黄河	朱家大湾	五佛寺	423.6		按二级区划执行		
48	D03010000204000	黄河甘宁缓冲区	黄河	黄河干流	黄河	五佛寺	下河沿	100.6		Ⅲ	五佛寺	全国重要，甘宁省界河段
49	D01010007001000	黑河若尔盖自然保护区	黄河	黄河干流	黑河	达扎寺镇	入黄口	138.0		Ⅱ	黑河口	全国重要，源头水，自然保护区及重要生境，境内16.0km

附表 1 甘肃省地表水一级水功能区划成果表

序号	编码	一级水功能区名称	流域	水系	河流、湖库	范围 起始断面	范围 终止断面	长度（km）	面积（km²）	水质目标	代表断面	备注
50	D020400051 3000	吹麻滩河积石山开发利用区	黄河	黄河干流	吹麻滩河	源头	入黄口	35.0		按二级区划执行		
51	D020400056 2000	银川河积石山县保留区	黄河	黄河干流	银川河	源头	入黄口	46.2		Ⅱ	银川	
52	D020400080 1000	庄浪河天祝源头水保护区	黄河	黄河干流	庄浪河	源头	红崖塆	30.0		Ⅱ	三个墩	源头水
53	D020400090 3000	庄浪河天祝、永登开发利用区	黄河	黄河干流	庄浪河	红崖塆	入黄口	154.8		按二级区划执行		
54	D030100025 3000	宛川河榆中开发利用区	黄河	黄河干流	宛川河	源头	入黄口	93.1		按二级区划执行		
55	D030100030 3000	祖厉河通渭、会宁开发利用区	黄河	黄河干流	祖厉河	源头	会宁	45.0		按二级区划执行		苦咸水
56	D030100040 2000	祖厉河会宁、靖远保留区	黄河	黄河干流	祖厉河	会宁	入黄口	179.0		Ⅳ	靖远	全国重要，苦咸水
57	D030100050 3000	关川河安定开发利用区	黄河	黄河干流	关川河	源头	巉口	77.0		按二级区划执行		苦咸水
58	D030100060 2000	关川河安定、会宁保留区	黄河	黄河干流	关川河	巉口	入祖厉河口	131.3		Ⅳ	八百户	苦咸水
59	D020310010 1000	大夏河夏河源头水保护区	黄河	黄河干流	大夏河	源头	桑科水库出口	51.3		Ⅱ	桑科水库	全国重要，源头水

058

附表 1　甘肃省地表水一级水功能区划成果表

序号	编码	一级水功能区名称	流域	水系	河流、湖库	范围		长度（km）	面积（km²）	水质目标	代表断面	备注
						起始断面	终止断面					
60	D0203100203000	大夏河夏河、临夏开发利用区	黄河	黄河干流	大夏河	桑科水库出口	入黄口	150.6		按二级区划执行		全国重要
61	D0203100302000	咯河合作、夏河保留区	黄河	黄河干流	咯河	源头	入大夏河口	68.4		II	咯河桥	开发利用程度不高
62	D0203100402000	合作河合作保留区	黄河	黄河干流	合作河	源头	入咯河口	41.0		II	合作	开发利用程度不高
63	D0203100501000	老鸦关河临夏源头水保护区	黄河	黄河干流	老鸦关河	源头	麻尼寺沟	18.0		II	麻尼寺沟	源头水
64	D0203100603000	老鸦关河临夏开发利用区	黄河	黄河干流	老鸦关河	麻尼寺沟	入大夏河口	12.0		按二级区划执行		
65	D0203100701000	槐树关河临夏源头水保护区	黄河	黄河干流	槐树关河	源头	合作临夏县界	5.0		II	孜寺沟	源头水
66	D0203100803000	槐树关河临夏开发利用区	黄河	黄河干流	槐树关河	合作临夏县界	入大夏河口	19.0		按二级区划执行		
67	D0203100901000	红水河临夏源头水保护区	黄河	黄河干流	红水河	源头	红台	6.0		II	红台	源头水
68	D0203101003000	红水河临夏开发利用区	黄河	黄河干流	红水河	红台	入大夏河口	26.0		按二级区划执行		
69	D0203101102000	牛津河和政保留区	黄河	黄河干流	牛津河	源头	马家堡	34.0		II	罗家集	开发利用程度不高

附表 1 甘肃省地表水一级水功能区划成果表

序号	编码	一级水功能区名称	流域	水系	河流、湖库	范围 起始断面	范围 终止断面	长度（km）	面积（km²）	水质目标	代表断面	备注
70	D020310120300	牛津河和政、临夏开发利用区	黄河	黄河干流	牛津河	马家堡	入大夏河口	28.2		按二级区划执行		工业、农业用水
71	D020320010100	洮河碌曲源头水保护区	黄河	洮河	洮河	源头	青走道电站	120.0		II	如格	全国重要，头水
72	D020320020300	洮河甘南、定西、临夏开发利用区	黄河	洮河	洮河	青走道电站	入黄口	553.1		按二级区划执行		全国重要
73	D020320030100	周科河碌曲源头水保护区	黄河	洮河	周科河	源头	入洮河口	82.1		II	周科河口	源头水
74	D020320040100	科才河夏河、碌曲源头水保护区	黄河	洮河	科才河	源头	入洮河口	66.5		II	科才河口	源头水
75	D020320050100	括合曲碌曲源头水保护区	黄河	洮河	括合曲	源头	入洮河口	75.2		II	括合曲河口	源头水
76	D020320060100	博拉河夏河、合作源头水保护区	黄河	洮河	博拉河	源头	入洮河口	84.8		II	博拉河口	源头水
77	D020320070100	车巴沟卓尼源头水保护区	黄河	洮河	车巴沟	源头	入洮河口	67.0		II	车巴沟口	源头水
78	D020320080100	大峪河卓尼源头水保护区	黄河	洮河	大峪河	源头	入洮河口	63.3		II	大峪河口	源头水
79	D020320090300	冶木河合作、卓尼、临潭、康乐开发利用区	黄河	洮河	冶木河	源头	入洮河口	79.3		按二级区划执行		

附表 1　甘肃省地表水一级水功能区划成果表

序号	编码	一级水功能区名称	流域	水系	河流、湖库	范围		长度（km）	面积（km²）	水质目标	代表断面	备注
						起始断面	终止断面					
80	D0203201001000	苏集河康乐源头水保护区	黄河	洮河	苏集河	源头	康乐县城	38.0		Ⅱ	康乐	源头水
81	D0203201103000	苏集河（三岔河）康乐、临洮开发利用区	黄河	洮河	苏集河	康乐县城	入洮河口	15.0		按二级区划执行		工业、农业用水
82	D0203201202000	东峪沟渭源、临洮保留区	黄河	洮河	东峪沟	源头	入洮河口	68.8		Ⅳ	东峪沟	苦咸水
83	D0203201303000	广通河合作、和政、广河开发利用区	黄河	洮河	广通河	源头	入洮河口	88.5		按二级区划执行		
84	D0202000304000	湟水青甘缓冲区	黄河	湟水	湟水	民和水文站	入黄口	74.3		Ⅲ	海石湾	全国重要、青甘省界河段
85	D0201000404000	大通河青甘缓冲区	黄河	湟水	大通河	甘禅沟入口	金沙沟入口	43.4		Ⅲ	天堂寺	全国重要、青甘省界河段、省内33.4km
86	D0201000503000	大通河红古开发利用区	黄河	湟水	大通河	金沙沟入口	大砂村	57.2		按二级区划执行		全国重要
87	D0201000604000	大通河甘青缓冲区	黄河	湟水	大通河	大砂村	入湟水口	14.6		Ⅲ	窑街	全国重要、甘青省界河段
88	D0504000101000	渭河渭源源头水保护区	黄河	渭河	渭河	源头	峡口水库上口	6.0		Ⅱ	峡口水库	全国重要、源头水
89	D0504000203000	渭河定西、天水开发利用区	黄河	渭河	渭河	峡口水库上口	大堡	297.0		按二级区划执行		全国重要

附表 1　甘肃省省地表水一级水功能区划成果表

序号	编码	一级水功能区名称	流域	水系	河流、湖库	范围 起始断面	范围 终止断面	长度（km）	面积（km²）	水质目标	代表断面	备注
90	D050400030400	渭河甘陕缓冲区	黄河	渭河	渭河	大碌	颜家河	83.0		Ⅲ	大碌	全国重要，甘陕省界河段
91	D050400040200	秦祁渭源、陇西保留区	黄河	渭河	秦祁河	源头	入渭口	67.5		Ⅴ	首阳	苦咸水
92	D050400050200	咸河陇西保留区	黄河	渭河	咸河	源头	入渭口	69.0		Ⅴ	咸河口	苦咸水
93	D050400060100	榜沙河岷县、漳县源头水保护区	黄河	渭河	榜沙河	源头	东泉	72.0		Ⅱ	东泉	源头水
94	D050400070300	榜沙河漳县、武山开发利用区	黄河	渭河	榜沙河	东泉	入渭口	30.6		按二级区划执行		
95	D050400080100	漳河漳县源头水保护区	黄河	渭河	漳河	源头	殪虎桥	30.0		Ⅱ	殪虎桥	源头水
96	D050400090300	漳河漳县、武山开发利用区	黄河	渭河	漳河	殪虎桥	入榜沙河口	45.0		按二级区划执行		
97	D050400095200	山丹河岷县、武山保留区	黄河	渭河	山丹河	源头	入渭口	50.0		Ⅲ	山丹	利用程度不高
98	D050400098200	大南河岷县、武山保留区	黄河	渭河	大南河	源头	入渭口	60.0		Ⅲ	郭槐	利用程度不高
99	D050400100100	散渡河通渭源头水保护区	黄河	渭河	散渡河	源头	锦屏	15.0		Ⅲ	锦屏	源头水

附表 1　甘肃省省地表水一级水功能区划成果表

序号	编码	一级水功能区名称	流域	水系	河流、湖库	范围		长度（km）	面积（km²）	水质目标	代表断面	备注
						起始断面	终止断面					
100	D0504001102000	散渡河通渭、甘谷开发利用区	黄河	渭河	散渡河	锦屏	入渭口	126.0		按二级区划执行		
101	D0504001204000	葫芦河宁甘缓冲区	黄河	渭河	葫芦河	玉桥	静宁水文站	11.7		III	郭罗	全国重要、宁甘省界河段
102	D0504001303000	葫芦河静宁、庄浪、秦安、秦城开发利用区	黄河	渭河	葫芦河	静宁水文站	入渭口	178.0		按二级区划执行		
103	D0504001404000	渝河宁甘缓冲区	黄河	渭河	渝河	联财	南坡	11.0		III	南坡	全国重要、宁甘省界河段
104	D0504001503000	渝河静宁开发利用区	黄河	渭河	渝河	南坡	入葫芦河口	12.0		按二级区划执行		
105	D0504001602000	南河通渭、静宁保留区	黄河	渭河	南河	源头	入葫芦河口	85.0		III	仁大	开发利用程度不高
106	D0504001701000	水洛河庄浪源头水保护区	黄河	渭河	水洛河	源头	良邑	33.0		II	良邑	源头水
107	D0504001803000	水洛河庄浪、静宁开发利用区	黄河	渭河	水洛河	良邑	入清水河口	44.6		按二级区划执行		
108	D0504002001000	藉河甘谷、秦城源头水保护区	黄河	渭河	藉河	源头	藉口	44.0		II	藉口	源头水
109	D0504002103000	藉河秦城开发利用区	黄河	渭河	藉河	藉口	入渭口	37.2		按二级区划执行		

附表 1 甘肃省地表水一级水功能区划成果表

序号	编码	一级水功能区名称	流域	水系	河流、湖库	范围		长度（km）	面积（km²）	水质目标	代表断面	备注
						起始断面	终止断面					
110	D0504002201000	南沟河秦城源头水保护区	黄河	渭河	南沟河	源头	皂郊	16.0		Ⅱ	皂郊	源头水
111	D0504002303000	南沟河秦城开发利用区	黄河	渭河	南沟河	皂郊	入耤河口	12.0		按二级区划执行		
112	D0504002401000	牛头河清水源头水保护区	黄河	渭河	牛头河	源头	白沙	29.4		Ⅱ	白沙	源头水
113	D0504002503000	牛头河清水、麦积开发利用区	黄河	渭河	牛头河	白沙	入渭口	56.5		按二级区划执行		
114	D0504002602000	汤浴河张家川、清水保留区	黄河	渭河	汤浴河	源头	入牛头河口	37.9		Ⅲ	温泉	利用程度不高
115	D0504002702000	樊河张家川、清水保留区	黄河	渭河	樊河	源头	入牛头河口	53.2		Ⅲ	樊河口	利用程度不高
116	D0504002803000	后川河张家川开发利用区	黄河	渭河	后川河	源头	入牛头河口	61.6		按二级区划执行		
117	D0504002901000	永川河麦积源头水保护区	黄河	渭河	永川河	源头	甘泉镇	14.0		Ⅱ	甘泉镇	源头水
118	D0504003003000	永川河麦积开发利用区	黄河	渭河	永川河	甘泉镇	入渭口	11.0		按二级区划执行		
119	D0504003104000	通关河甘陕缓冲区	黄河	渭河	通关河	源头（马鹿乡）	入渭口	60.0		Ⅲ	花园村	全国重要，甘陕省界河段

附表 1 甘肃省地表水一级水功能区划成果表

序号	编码	一级水功能区名称	流域	水系	河流、湖库	范围 起始断面	范围 终止断面	长度（km）	面积（km²）	水质目标	代表断面	备注
120	D050500030100	千河甘陕源头水保护区	黄河	渭河	千河	源头	固关	41.1		Ⅱ	麻庵	全国重要，源头水，境内21.0km
121	D050300020400	泾河宁甘缓冲区	黄河	泾河	泾河	白面镇	崆峒峡	22.5		Ⅲ	东梁	全国重要，宁甘省界河段
122	D050300030300	泾河甘肃开发利用区	黄河	泾河	泾河	崆峒峡	长庆桥	135.0		按二级区划执行		全国重要
123	D050300040400	泾河甘陕缓冲区	黄河	泾河	泾河	长庆桥	胡家河村	43.1		Ⅳ	长庆桥	全国重要，甘陕省界河段
124	D050300050200	小路河崆峒保留区	黄河	泾河	小路河	源头	入泾河口	45.0		Ⅲ	小路河口	利用程度不高
125	D050300060200	大路河崆峒保留区	黄河	泾河	大路河	源头	入泾河口	45.0		Ⅲ	窑峰头	利用程度不高
126	D050300260100	汭河华亭源头水保护区	黄河	泾河	汭河	源头	蒲家庆	25.0		Ⅱ	南川	源头水
127	D050300270300	汭河华亭、崇信、泾川开发利用区	黄河	泾河	汭河	蒲家庆	入泾河口	70.0		按二级区划执行		
128	D050300280300	石堡子河甘亭开发利用区	黄河	泾河	石堡子河	源头	入汭河口	36.0		按二级区划执行		
129	D050300070400	洪河宁甘缓冲区	黄河	泾河	洪河	红河	惠沟	38.2		Ⅲ	庞沟	全国重要，宁甘省界河段

065

附表 1 甘肃省地表水一级水功能区划成果表

序号	编码	一级水功能区名称	流域	水系	河流、湖库	范围		长度（km）	面积（km²）	水质目标	代表断面	备注
						起始断面	终止断面					
130	D0503000802000	洪河镇原、泾川保留区	黄河	泾河	洪河	惠沟	入泾河口	117.0		Ⅲ	姚家沟	利用程度不高
131	D0503000901000	蒲河宁甘源头水保护区	黄河	泾河	蒲河	源头	三岔	72.9		Ⅱ	三岔	全国重要、宁甘源头水，境内 53.2km
132	D0503001003000	蒲河镇原、西峰、泾川、宁县开发利用区	黄河	泾河	蒲河	三岔	入泾河口	131.1		按二级区划执行		
133	D0503001103000	大黑河环县、庆城、西峰开发利用区	黄河	泾河	大黑河	源头	入蒲河口	52.0		按二级区划执行		
134	D0503001404000	茹河宁甘缓冲区	黄河	泾河	茹河	城阳	王凤沟坝址	29.6		Ⅳ	王凤沟坝址	全国重要、宁甘省界河段
135	D0503001502000	茹河镇原保留区	黄河	泾河	茹河	王凤沟坝址	入蒲河口	65.1		Ⅲ	镇原	基本未开发利用
136	D0503001601000	马莲河定边源头水保护区	黄河	泾河	马莲河	源头	洪德站	99.7		Ⅲ	洪德站	全国重要、源头水，苦咸水
137	D0503001703000	马莲河环县、庆城、合水、宁县开发利用区	黄河	泾河	马莲河	洪德站	入泾河口	275.1		按二级区划执行		
138	D0503001803000	柔远川华池、庆城开发利用区	黄河	泾河	柔远川	源头	入马莲河口	80.0		按二级区划执行		
139	D0503001903000	元城川华池开发利用区	黄河	泾河	元城川	铁角城	入柔远川口	50.0		按二级区划执行		

附表 1　甘肃省地表水一级水功能区划成果表

序号	编码	一级水功能区名称	流域	水系	河流、湖库	范围 起始断面	范围 终止断面	长度（km）	面积（km²）	水质目标	代表断面	备注
140	D050300193953000	四郎河正宁开发利用区	黄河	泾河	四郎河	源头	罗川	46.0		按二级区划执行		
141	D050300196964000	四郎河甘陕缓冲区	黄河	泾河	四郎河	罗川	入泾河口	30.0		Ⅲ	罗川	全国重要,甘陕省界河段
142	D05030002001000	黑河华亭源头水保护区	黄河	泾河	黑河	源头	神峪	23.0		Ⅲ	神峪	源头水
143	D05030002103000	黑河华亭崇信、灵台、泾川开发利用区	黄河	泾河	黑河	神峪	梁河	100.8		按二级区划执行		
144	D05030002204000	黑河甘陕缓冲区	黄河	泾河	黑河	梁河	达溪河入口	30.0		Ⅲ	梁河	全国重要,甘陕省界河段
145	D05030002303000	达溪河崇信、灵台开发利用区	黄河	泾河	达溪河	源头	灵台	67.0		按二级区划执行		
146	D05030002404000	达溪河甘陕缓冲区	黄河	泾河	达溪河	灵台	甘陕省界	17.0		Ⅲ	灵台	甘陕省界河段
147	D05020000401000	葫芦河甘陕源头水保护区	黄河	北洛河	葫芦河	源头	直罗	140.8		Ⅲ	大白	全国重要,源头水,境内89.0km
148	F04010000104000	嘉陵江陕甘缓冲区	长江	嘉陵江	嘉陵江	双石铺	白水江	100.0		Ⅱ	两河口	全国重要,陕甘省界河段,省内河长66km
149	F04010000202000	红崖河麦积、两当保留区	长江	嘉陵江	红崖河	源头	甘陕省界	61.0		Ⅲ	杨店	开发利用程度不高

067

附表 1 甘肃省地表水一级水功能区划成果表

序号	编码	一级水功能区名称	流域	水系	河流、湖库	范围		长度(km)	面积(km²)	水质目标	代表断面	备注
						起始断面	终止断面					
150	F0401000302000	两当河两当保留区	长江	嘉陵江	庙河	源头	入嘉陵江口	62.1		III	董家坪	开发利用程度不高
151	F0401000402000	永宁河麦积、徽县保留区	长江	嘉陵江	永宁河	源头	入嘉陵江口	144.0		III	永宁镇	开发利用程度不高
152	F0401000502000	罗家河徽县保留区	长江	嘉陵江	罗家河	源头	入嘉陵江口	42.0		III	银杏	开发利用程度不高
153	F0401000602000	洛河徽县、成县保留区	长江	嘉陵江	洛河	源头	大河店	90.0		III	红川镇	开发利用程度不高
154	F0401000704000	洛河甘陕缓冲区	长江	嘉陵江	洛河	大河店	甘陕省界	6.0		III	大河店	甘陕省界河段
155	F0401000802000	青泥河西和、徽县保留区	长江	嘉陵江	青泥河	源头	麻沿河入口	15.0		II	麻沿河入口	全国重要
156	F0401000903000	青泥河徽县、成县开发利用区	长江	嘉陵江	青泥河	麻沿河入口	南康	85.0		按二级区划执行		全国重要
157	F0401001004000	青泥河甘陕缓冲区	长江	嘉陵江	青泥河	南康	香树坪	18.0		III	毛坝	全国重要 甘陕省界河段
158	F0401001001000	西汉水源头水保护区	长江	嘉陵江	西汉水	源头	盐关镇	30.0		II	罗家堡	全国重要 水源水
159	F0401001102000	西汉水礼县、成县保留区	长江	嘉陵江	西汉水	盐关镇	六巷河入口	109.0		III	礼县	全国重要

附表 1 甘肃省地表水一级水功能区划成果表

序号	编码	一级水功能区名称	流域	水系	河流、湖库	范围 起始断面	范围 终止断面	长度（km）	面积（km²）	水质目标	代表断面	备注
160	F0401001203000	西汉水成县、康县开发利用区	长江	嘉陵江	西汉水	六巷河入口	锞坝	60.0		按二级区划执行		全国重要
161	F0401001302000	西汉水甘陕缓冲区	长江	嘉陵江	西汉水	锞坝	西淮坝	20.6		II～III	毛坝	全国重要,甘陕省界河段,境内17km
162	F0401001402000	漾水河西和、礼县保留区	长江	嘉陵江	漾水河	源头	入西汉水口	40.0		III	石堡	开发利用程度不高
163	F0401001502000	固城河西和礼县保留区	长江	嘉陵江	固城河	源头	入西汉水口	38.0		III	永坪	开发利用程度不高
164	F0401001602000	燕子河岷县、礼县保留区	长江	嘉陵江	燕子河	源头	入西汉水口	59.0		III	罗坝	开发利用程度不高
165	F0401001702000	洮坪河河礼县保留区	长江	嘉陵江	洮坪河	源头	入西汉水口	53.0		III	洮坪	开发利用程度不高
166	F0401001802000	清水河岩昌、礼县保留区	长江	嘉陵江	清水河	源头	入西汉水口	80.0		III	南阳	开发利用程度不高
167	F0401001903000	六巷河西和、成县开发利用区	长江	嘉陵江	六巷河	源头	入西汉水口	36.0		按二级区划执行		排污
168	F0401002003000	石峡河西和开发利用区	长江	嘉陵江	石峡河	源头	入六巷河口	25.0		按二级区划执行		排污
169	F0401002102000	平洛河武都、康县保留区	长江	嘉陵江	平洛河	源头	入西汉水口	47.0		III	望子关	开发利用程度不高

附表 1 甘肃省地表水一级水功能区划成果表

序号	编码	一级水功能区名称	流域	水系	河流、湖库	范围		长度（km）	面积（km²）	水质目标	代表断面	备注
						起始断面	终止断面					
170	F04010022202000	燕子河康县保留区	长江	嘉陵江	燕子河	源头	托河	100.0		Ⅱ	贾安	开发利用程度不高
171	F04010023040000	燕子河甘陕缓冲区	长江	嘉陵江	燕子河	托河	甘陕省界	8.0		Ⅱ	托河	甘陕省界河段
172	F04010024010000	白龙江碌曲若尔盖源头水保护区	长江	嘉陵江	白龙江	源头	康多	78.0		Ⅱ		全国重要、源头水、自然保护区、重要保生境、境内12.0km
173	F04010025020000	白龙江迭部舟曲保留区	长江	嘉陵江	白龙江	达木	立节	149.0		Ⅱ~Ⅲ	迭部	全国重要、境内123km
174	F04010026030000	白龙江舟曲、武都开发利用区	长江	嘉陵江	白龙江	立节	东江	97.0		按二级区划执行		全国重要
175	F04010027020000	白龙江武都、广元保留区	长江	嘉陵江	白龙江	东江	昭化	243.0		Ⅲ	碧口	全国重要、境内165.4km
176	F04010028010000	达拉沟迭部源头水保护区	长江	嘉陵江	达拉沟	川甘省界	入白龙江口	32.0		Ⅱ	达拉沟	源头水
177	F04010029010000	腊子沟迭部源头水保护区	长江	嘉陵江	腊子沟	源头	入白龙江口	43.0		Ⅱ	乱风滩	源头水
178	F04010030010000	岷江宕昌源头水保护区	长江	嘉陵江	岷江	源头	南河	31.0		Ⅱ	脚力铺	源头水
179	F04010031020000	岷江宕昌舟曲保留区	长江	嘉陵江	岷江	南河	入白龙江口	69.0		Ⅱ	临江	开发利用程度不高

附表 1　甘肃省地表水一级水功能区划成果表

序号	编码	一级水功能区名称	流域	水系	河流、湖库	范围 起始断面	范围 终止断面	长度（km）	面积（km²）	水质目标	代表断面	备注
180	F0401003202000	角弓河宕昌、武都保留区	长江	嘉陵江	角弓河	源头	入白龙江口	40.0		Ⅱ	新寨	开发利用程度不高
181	F0401003302000	拱坝河舟曲、武都保留区	长江	嘉陵江	拱坝河	源头	入白龙江口	88.0		Ⅱ	大年	开发利用程度不高
182	F0401003402000	羊汤河文县保留区	长江	嘉陵江	羊汤河	源头	入白龙江口	33.0		Ⅱ	屯寨	开发利用程度不高
183	F0401003502000	五库河武都保留区	长江	嘉陵江	五库河	源头	入白龙江口	80.0		Ⅱ	五库	开发利用程度不高
184	F0401003602000	白水江川甘缓冲区	长江	嘉陵江	白水江	郭元	朱元坝	15.0		Ⅱ	朱元坝	全国重要，川甘省界河段，境内9.5km
185	F0401003702000	白水江文县保留区	长江	嘉陵江	白水江	朱元坝	入白龙江口	90.0		Ⅱ	文县	全国重要
186	F0401003801000	让水河文县源头水保护区	长江	嘉陵江	让水河	源头	入白龙江口	53.0		Ⅱ	柏元里	源头水
187	F0401003902000	小团鱼河文县、武都保留区	长江	嘉陵江	小团鱼河	源头	入白龙江口	15.0		Ⅱ	入白龙江口	开发利用程度不高
188	F0401004002000	大团鱼河文县、武都保留区	长江	嘉陵江	大团鱼河	源头	入白龙江口	60.0		Ⅱ	入白龙江口	开发利用程度不高

附表 2　甘肃省地表水二级水功能区划成果表

序号	编码	二级水功能区名称	所在一级水功能区名称	流域	水系	河流、湖库	范围 起始断面	范围 终止断面	长度（km）	面积（km²）	水质目标	代表断面	备注
1	K020300020301 1	疏勒河玉门饮用、工业、农业用水区	疏勒河玉门、瓜州开发利用区	内陆河	疏勒河	疏勒河	昌马水文站	昌马新渠首	35		II	昌马水库	全国重要
2	K020300020302 3	疏勒河玉门、瓜州农业用水区	疏勒河玉门、瓜州开发利用区	内陆河	疏勒河	疏勒河	昌马新渠首	潘家庄水文站	98		III	潘家庄水文站	全国重要
3	K020300020303 3	疏勒河瓜州农业、景观娱乐用水区	疏勒河玉门、瓜州开发利用区	内陆河	疏勒河	疏勒河	潘家庄水文站	双塔堡水库	15		III	双塔堡水库	全国重要
4	K020300020304 2	疏勒河瓜州、敦煌工业、农业用水区	疏勒河玉门、瓜州开发利用区	内陆河	疏勒河	疏勒河	双塔堡水库	西湖	112		III	西湖	全国重要
5	K020300060101 1	石油河玉门饮用水源区	石油河玉门开发利用区	内陆河	疏勒河	石油河	毛布拉	豆腐台	25		II	豆腐台	
6	K020300060102 2	石油河玉门工业、农业用水区	石油河玉门开发利用区	内陆河	疏勒河	石油河	豆腐台	花海	65		IV	赤金桥	
7	K020300080301 1	白杨河肃南饮用水源区	白杨河玉门开发利用区	内陆河	疏勒河	白杨河	源头	白杨河水库	30		II	白杨河水库	
8	K020300080302 2	白杨河肃南、玉门工业、农业用水区	白杨河玉门开发利用区	内陆河	疏勒河	白杨河	白杨河水库	入石油河口	60		III	白杨河水管所	
9	K020300050301 3	榆林河肃北、瓜州农业用水区	榆林河肃北、瓜州开发利用区	内陆河	疏勒河	榆林河	源头	芦草沟	132		III	踏实	
10	K020300030101 2	党河肃北、敦煌工业、农业用水区	党河肃北、敦煌开发利用区	内陆河	疏勒河	党河	别盖	党河水库大坝	63.0		II	党河水库	全国重要

附表2 甘肃省地表水二级水功能区划成果表

序号	编码	二级水功能区名称	所在一级水功能区名称	流域	水系	河流、湖库	范围		长度 (km)	面积 (km²)	水质目标	代表断面	备注
							起始断面	终止断面					
11	K0203000301022	党河敦煌工业、农业、景观娱乐用水区	党河肃北、敦煌开发利用区	内陆河	疏勒河	党河	党河水库大坝	入疏勒河口	79.0		III	敦煌	全国重要
12	K0202000203013	黑河青甘农业用水区	黑河青甘开发利用区	内陆河	黑河	黑河	扎马什克水文站	莺落峡	111.5		III	莺落峡	全国重要，境内86.0km
13	K0202000303013	黑河甘州农业用水区	黑河甘肃开发利用区	内陆河	黑河	黑河	莺落峡	黑河大桥	21.2		III	黑河大桥	全国重要
14	K0202000303022	黑河甘州工业、农业用水区	黑河甘肃开发利用区	内陆河	黑河	黑河	黑河大桥	高崖水文站	35.5		IV	高崖水文站	全国重要
15	K0202000303032	黑河临泽、高台、金塔工业、农业用水区	黑河甘肃开发利用区	内陆河	黑河	黑河	高崖水文站	正义峡	147.3		III	正义峡	全国重要
16	K0202001503013	大堵麻河肃南、民乐农业用水区	大堵麻河肃南、民乐开发利用区	内陆河	黑河	大堵麻河	源头	杨坊	31		II	瓦房城水文站	
17	K0202001603011	洪水河民乐饮用水源、工业、农业用水区	洪水河民乐开发利用区	内陆河	黑河	洪水河	源头	双树寺水库	38.5		II	双树寺水库	
18	K0202001603023	洪水河民乐农业用水区	洪水河民乐开发利用区	内陆河	黑河	洪水河	双树寺水库	六坝	36		III	六坝	
19	K0202001803013	马营河山丹农业用水区	马营河山丹开发利用区	内陆河	黑河	马营河	源头	位奇	87		III	李桥水库	

附表 2　甘肃省地表水二级水功能区划成果表

序号	编码	二级水功能区名称	所在一级水功能区名称	流域	水系	河流、湖库	范围		长度（km）	面积（km²）	水质目标	代表断面	备注
							起始断面	终止断面					
20	K0202001903013	山丹河山丹、甘州农业、渔业用水区	山丹河山丹、甘州开发利用区	内陆河	黑河	山丹河	位奇	碱滩	73		Ⅲ	碱滩	
21	K0202001903022	山丹河甘州工业、农业用水区	山丹河山丹、甘州开发利用区	内陆河	黑河	山丹河	碱滩	入黑河口	25		Ⅳ	山丹桥	
22	K0202001403013	梨园河肃南、临泽农业用水区	梨园河肃南、临泽开发利用区	内陆河	黑河	梨园河	白泉门	入黑河口	118		Ⅲ	鹦鸽嘴水库	
23	K0202001103013	丰乐河肃南、肃州农业用水区	丰乐河肃南、肃州开发利用区	内陆河	黑河	丰乐河	源头	下河清	99		Ⅲ	丰乐河水文站	
24	K0202000803012	讨赖河肃南、嘉峪关、金塔工业、农业用水区	讨赖河肃南、嘉峪关、金塔开发利用区	内陆河	黑河	讨赖河	镜铁山	金塔	130		Ⅲ	酒泉	
25	K0202001003013	洪水坝河肃南、肃州农业用水区	洪水坝河肃南、肃州开发利用区	内陆河	黑河	洪水坝河	羊露河口	入讨赖河	63		Ⅲ	新地水文站	
26	K0201000103013	石羊河凉州、民勤农业用水区	石羊河凉州、民勤开发利用区	内陆河	石羊河	石羊河	武威松涛寺	红崖山水库	60		Ⅲ	红崖山水库	全国重要
27	K0201001103013	金塔河凉州农业用水区	金塔河凉州开发利用区	内陆河	石羊河	金塔河	南营水库	入石羊河口	52		Ⅲ	金塔	
28	K0201001303013	杂木河天祝、凉州农业用水区	杂木河天祝、凉州开发利用区	内陆河	石羊河	杂木河	毛藏寺	武南	60		Ⅲ	杂木寺水文站	

附表 2 甘肃省地表水二级水功能区划成果表

序号	编码	二级水功能区名称	所在一级水功能区名称	流域	水系	河流、湖库	范围 起始断面	范围 终止断面	长度 (km)	面积 (km²)	水质目标	代表断面	备注
29	K0201000903013	西营河肃南、凉州农业用水区	西营河肃南、凉州开发利用区	内陆河	石羊河	西营河	铧头	入石羊河口	76.5		III	团庄	
30	K0201001503013	黄羊河凉州农业用水区	黄羊河凉州开发利用区	内陆河	石羊河	黄羊河	哈溪镇	赵家庄	45		III	黄羊水库水文站	
31	K0201001603013	古浪河天祝、古浪农业用水区	古浪河天祝、古浪开发利用区	内陆河	石羊河	古浪河	源头	永丰堡	80		III	古浪	
32	K0201001703013	大靖河天祝、古浪农业用水区	大靖河天祝、古浪开发利用区	内陆河	石羊河	大靖河	源头	大靖	48		III	大靖水库	
33	K0201000703012	东大河肃南、永昌工业、农业用水区	东大河肃南、永昌、凉州开发利用区	内陆河	石羊河	东大河	皇城水库	金山	85.6		III	头坝口子	
34	K0201000753013	红水河凉州农业用水区	红水河凉州开发利用区	内陆河	石羊河	红水河	源头	入石羊河口	54		III	红水河水文站	
35	K0201000303012	西大河肃南、永昌工业、农业用水区	西大河肃南、永昌开发利用区	内陆河	石羊河	西大河	西大河水库	金川峡水文站	80		III	毛卜喇	
36	K0201000401011	金川河永昌饮用水源、工业、农业用水区	金川河永昌、金川开发利用区	内陆河	石羊河	金川河	金川峡水文站	金川峡水库	8.5		II	金川峡水库	
37	K0201000401022	金川河永昌、金川工业、农业、渔业用水区	金川河永昌、金川开发利用区	内陆河	石羊河	金川河	金川峡水库	下四分	47		III	宁远堡	

附表 2 甘肃省省地表水二级水功能区划成果表

序号	编码	二级水功能区名称	所在一级水功能区名称	流域	水系	河流、湖库	范围 起始断面	范围 终止断面	长度（km）	面积（km²）	水质目标	代表断面	备注
38	D0204000303014	黄河刘家峡渔业、饮用水源区	黄河甘肃开发利用区	黄河	黄河干流	黄河	朱家大湾	刘家峡大坝	63.3		II	刘家峡	全国重要
39	D0204000303024	黄河盐锅峡渔业、工业用水区	黄河甘肃开发利用区	黄河	黄河干流	黄河	刘家峡大坝	盐锅峡大坝	31.6		II	盐锅峡	全国重要
40	D0204000303034	黄河八盘峡渔业、农业用水区	黄河甘肃开发利用区	黄河	黄河干流	黄河	盐锅峡大坝	八盘峡大坝	17.1		II	八盘峡	全国重要
41	D0204000303041	黄河兰州饮用、工业用水区	黄河甘肃开发利用区	黄河	黄河干流	黄河	八盘峡大坝	西柳沟	23.1		II	鱼口	全国重要
42	D0301000103052	黄河兰州工业、景观用水区	黄河甘肃开发利用区	黄河	黄河干流	黄河	西柳沟	青白石	35.5		III	中山桥	全国重要
43	D0301000103067	黄河兰州排污控制区	黄河甘肃开发利用区	黄河	黄河干流	黄河	青白石	包兰桥	5.8		III	包兰桥	全国重要
44	D0301000103076	黄河兰州过渡区	黄河甘肃开发利用区	黄河	黄河干流	黄河	包兰桥	什川吊桥	23.6		III	什川桥	全国重要
45	D0301000103083	黄河皋兰农业用水区	黄河甘肃开发利用区	黄河	黄河干流	黄河	什川吊桥	大峡大坝	27.1		III	大峡大坝	全国重要
46	D0301000103091	黄河白银饮用、工业用水区	黄河甘肃开发利用区	黄河	黄河干流	黄河	大峡大坝	北湾	37.0		III	靖远北湾	全国重要

附表 2　甘肃省地表水二级水功能区划成果表

序号	编码	二级水功能区名称	所在一级水功能区名称	流域	水系	河流、湖库	范围 起始断面	范围 终止断面	长度（km）	面积（km²）	水质目标	代表断面	备注
47	D030100010 3104	黄河靖远渔业、工业用水区	黄河甘肃开发利用区	黄河	黄河干流	黄河	北湾	五佛寺	159.5		Ⅲ	五佛寺	全国重要
48	D020400051 3011	吹麻滩河积石山饮用水源区	吹麻滩河积石山开发利用区	黄河	黄河干流	吹麻滩河	源头	入黄河口	35.0		Ⅱ	吹嘛滩	
49	D020400090 3011	庄浪河天祝、永登饮用、工业、农业、渔业用水区	庄浪河天祝、永登开发利用区	黄河	黄河干流	庄浪河	红疙瘩	龙泉	120		Ⅱ	武胜驿	
50	D020400090 3023	庄浪河永登农业用水区	庄浪河天祝、永登开发利用区	黄河	黄河干流	庄浪河	龙泉	入黄河口	34.8		Ⅲ	红崖子	
51	D030100025 3014	宛川河榆中渔业用水区	宛川河榆中开发利用区	黄河	黄河干流	宛川河	源头	高崖水库	20.1		Ⅲ	高崖水库	
52	D030100025 3022	宛川河榆中工业、农业用水区	宛川河榆中开发利用区	黄河	黄河干流	宛川河	高崖水库	入黄河口	73.0		Ⅳ	金崖桥	
53	D030100030 3013	祖厉河通渭、会宁农业用水区	祖厉河通渭、会宁开发利用区	黄河	黄河干流	祖厉河	源头	会宁	45.0		Ⅳ	会宁	全国重要
54	D030100050 3013	关川河安定农业用水区	关川河安定开发利用区	黄河	黄河干流	关川河	源头	巉口	77.0		Ⅳ	巉口	
55	D020310020 3011	大夏河夏河、临夏饮用水源区	大夏河夏河、临夏开发利用区	黄河	黄河干流	大夏河	桑科水库出口	夏河县城	11		Ⅱ	夏河	全国重要

附表2 甘肃省地表水二级水功能区划成果表

序号	编码	二级水功能区名称	所在一级水功能区名称	流域	水系	河流、湖库	起始断面	终止断面	长度(km)	面积(km²)	水质目标	代表断面	备注
56	D0203100203023	大夏河夏河、临夏工业、农业用水区	大夏河夏河、临夏开发利用区	黄河	黄河干流	大夏河	夏河县城	双城	75.7		III	双城	全国重要
57	D0203100203031	大夏河临夏饮用水源区	大夏河夏河、临夏开发利用区	黄河	黄河干流	大夏河	双城	临夏新桥	18.6		II	临夏	全国重要
58	D0203100203043	大夏河临夏工业、农业用水区	大夏河夏河、临夏开发利用区	黄河	黄河干流	大夏河	临夏新桥	入黄河口	45.3		III	折桥	全国要
59	D0203100603014	老鸦关河临夏渔业用水区	老鸦关河临夏开发利用区	黄河	黄河干流	老鸦关河	麻尼寺沟	入大夏河口	12.0		II	老鸦关河口	
60	D0203100803011	槐树关河临夏饮用水、渔业用水区	槐树关河临夏开发利用区	黄河	黄河干流	槐树关河	合作临夏县界	入大夏河口	19.0		II	槐树关河口	
61	D0203101003013	红水河临夏农业用水区	红水河临夏开发利用区	黄河	黄河干流	红水河	红台	入大夏河口	26.0		III	红台	
62	D0203101203011	牛津河和政、临夏饮用、工业、农业用水区	牛津河和政、临夏开发利用区	黄河	黄河干流	牛津河	马家堡	入大夏河口	28.2		III	取水口	
63	D0203200203013	洮河碌曲、合作、卓尼、临夏工业、农业用水区	洮河甘南、定西、临夏开发利用区	黄河	洮河	洮河	青走道电站	那端	217.8		III	碌曲	全国重要
64	D0203200203021	洮河卓尼饮用水源区	洮河甘南、定西、临夏开发利用区	黄河	洮河	洮河	那端	卓尼	10		II	卓尼	全国重要

附表 2　甘肃省地表水二级水功能区划成果表

序号	编码	二级水功能区名称	所在一级水功能区名称	流域	水系	河流、湖库	范围 起始断面	范围 终止断面	长度 (km)	面积 (km²)	水质目标	代表断面	备注
65	D020320203032	洮河卓尼、临潭、岷县工业、农业用水区	洮河甘南、定西、临夏开发利用区	黄河	洮河	洮河	卓尼	穷林湾	61		Ⅲ	卓尼	全国重要
66	D020320203041	洮河岷县饮用水源区	洮河甘南、定西、临夏开发利用区	黄河	洮河	洮河	穷林湾	岷县	11		Ⅱ	岷县	全国重要
67	D020320203052	洮河岷县、临潭、卓尼、康乐、渭源、临洮工业、农业用水区	洮河甘南、定西、临夏开发利用区	黄河	洮河	洮河	岷县	杨家庄	156		Ⅲ	九甸峡水库	全国重要
68	D020320203061	洮河临洮饮用水源区	洮河甘南、定西、临夏开发利用区	黄河	洮河	洮河	杨家庄	临洮县城	9.3		Ⅱ	李家村	全国重要
69	D020320203072	洮河临洮、广河、东乡、永靖工业、农业、渔业用水区	洮河甘南、定西、临夏开发利用区	黄河	洮河	洮河	临洮县城	入黄口	88		Ⅲ	红旗	全国重要
70	D020320903013	冶木河合作、卓尼、临潭、康乐农业用水区	冶木河合作、卓尼、临潭、康乐开发利用区	黄河	洮河	冶木河	源头	入洮河口	79.3		Ⅱ	冶力关	
71	D020321103012	苏集河（三岔河）康乐、临洮工业、农业用水区	苏集河（三岔河）康乐、临洮开发利用区	黄河	洮河	苏集河	康乐县城	入洮河口	15.0		Ⅲ	苏集河口	
72	D020321303011	广通河合作、和政饮用、农业用水区	广通河合作、和政、广河开发利用区	黄河	洮河	广通河	源头	买家集	26.0		Ⅱ	买家集	
73	D020321303023	广通河和政、广河工业、农业用水区	广通河合作、和政、广河开发利用区	黄河	洮河	广通河	买家集	入洮河口	62.5		Ⅲ	三甲集	

附表2　甘肃省地表水二级水功能区划成果表

序号	编码	二级水功能区名称	所在一级水功能区名称	流域	水系	河流、湖库	范围 起始断面	范围 终止断面	长度（km）	面积（km²）	水质目标	代表断面	备注
74	D020100050503013	大通河红古农业、工业用水区	大通河红古开发利用区	黄河	湟水	大通河	金沙沟入口	大砂村	57.2		Ⅲ	连城	全国重要
75	D050400020503013	渭河渭源、陇西农业用水区	渭河定西、天水开发利用区	黄河	渭河	渭河	峡口水库上口	秦祁河入口	43		Ⅲ	渭源	全国重要
76	D050400020503022	渭河陇西、武山工业、农业利用水区	渭河定西、天水开发利用区	黄河	渭河	渭河	秦祁河入口	榜沙河入口	60		Ⅲ	文峰	全国重要
77	D050400020503032	渭河武山工业、农业利用水区	渭河定西、天水开发利用区	黄河	渭河	渭河	榜沙河入口	大南河入口	30		Ⅲ	武山	全国重要
78	D050400020503042	渭河武山、甘谷工业、农业用水区	渭河定西、天水开发利用区	黄河	渭河	渭河	大南河入口	渭水峪	45		Ⅲ	甘谷	全国重要
79	D050400020503052	渭河甘谷、秦城工业、农业用水区	渭河定西、天水开发利用区	黄河	渭河	渭河	渭水峪	藉河入口	65		Ⅲ	北道	全国重要
80	D050400020503067	渭河秦城、麦积排污控制区	渭河定西、天水开发利用区	黄河	渭河	渭河	藉河入口	社棠	10		Ⅲ	社棠	全国重要
81	D050400020503076	渭河秦城过渡区	渭河定西、天水开发利用区	黄河	渭河	渭河	社棠	伯阳	14		Ⅲ	伯阳	全国重要
82	D050400020503083	渭河秦城农业用水区	渭河定西、天水开发利用区	黄河	渭河	渭河	伯阳	太隊	30		Ⅲ	葡萄园	全国重要

附表 2　甘肃省地表水二级水功能区划成果表

序号	编码	二级水功能区名称	所在一级水功能区名称	流域	水系	河流、湖库	范围		长度(km)	面积(km²)	水质目标	代表断面	备注
							起始断面	终止断面					
83	D0504000703012	榜沙河漳县、武山工业、农业用水区	榜沙河漳县、武山开发利用区	黄河	渭河	榜沙河	东泉	入渭口	30.6		III	鸳鸯	
84	D0504000903013	漳河漳县、武山农业用水区	漳河漳县、武山开发利用区	黄河	渭河	漳河	殪虎桥	入榜沙河口	45.0		III	漳县	
85	D0504001102013	散渡河通渭、甘谷农业用水区	散渡河通渭、甘谷开发利用区	黄河	渭河	散渡河	锦屏	入渭口	126		III	甘谷	
86	D0504001303012	葫芦河静宁、庄浪、秦安工业、农业用水区	葫芦河静宁、庄浪、秦安、秦城开发利用区	黄河	渭河	葫芦河	静宁水文站	高家峡	93.0		III	静宁	
87	D0504001303022	葫芦河静宁、秦安、秦城工业、农业用水区	葫芦河静宁、庄浪、秦安、秦城开发利用区	黄河	渭河	葫芦河	高家峡	入渭口	85.0		III	秦安	
88	D0504001503011	渝河静宁饮用、工业、农业用水区	渝河静宁开发利用区	黄河	渭河	渝河	南坡	入葫芦河口	12		III	东峡水库	
89	D0504001803013	水洛河庄浪、静宁农业用水区	水洛河庄浪、静宁开发利用区	黄河	渭河	水洛河	良邑	入清水河口	44.6		III	庄浪	
90	D0504002103011	耤河秦城饮用水源区	耤河秦城开发利用区	黄河	渭河	耤河	耤口	西十里	16.0		II	西十里	
91	D0504002103022	耤河秦城工业、农业用水区	耤河秦城开发利用区	黄河	渭河	耤河	西十里	入渭口	21.2		III	峡口	

附表2 甘肃省地表水二级水功能区划成果表

序号	编码	二级水功能区名称	所在一级水功能区名称	流域	水系	河流、湖库	范围 起始断面	范围 终止断面	长度（km）	面积（km²）	水质目标	代表断面	备注
92	D05040023003012	南沟河秦城工业、农业用水区	南沟河秦城开发利用区	黄河	渭河	南沟河	皂郊	入藉河口	12.0		Ⅲ	南沟河口	
93	D05040025003012	牛头河麦积工业、农业用水区	牛头河麦积开发利用区	黄河	渭河	牛头河	白沙	入渭口	56.5		Ⅲ	社棠	
94	D05040028003011	后川河张家川饮用水源区	后川河张家川开发利用区	黄河	渭河	后川河	源头	东峡水库	12.0		Ⅱ	东峡水库	
95	D05040028003022	后川河张家川工业、农业用水区	后川河张家川开发利用区	黄河	渭河	后川河	东峡水库	入牛头河口	49.6		Ⅲ	王家咀头	
96	D05040030003011	永川河麦积饮用水源区	永川河麦积开发利用区	黄河	渭河	永川河	甘泉镇	入渭口	11.0		Ⅱ	东泉	
97	D05030003003012	泾河崆峒泾川工业、农业用水区	泾河甘肃开发利用区	黄河	泾河	泾河	崆峒峡	泾川桥	75.5		Ⅲ	八里桥	全国重要
98	D05030003003023	泾河泾川、宁县农业用水区	泾河甘肃开发利用区	黄河	泾河	泾河	泾川桥	长庆桥	59.5		Ⅲ	泾川	全国重要
99	D05030027003013	汭河华亭、崇信、泾川农业用水区	汭河华亭、崇信、泾川开发利用区	黄河	泾河	汭河	蒲家庆	入泾河口	70.0		Ⅲ	圣母桥	
100	D05030028003012	石堡子河华亭工业、农业用水区	石堡子河华亭开发利用区	黄河	泾河	石堡子河	源头	入汭河口	36.0		Ⅲ	华亭	

附表 2　甘肃省地表水二级水功能区划成果表

序号	编码	二级水功能区名称	所在一级水功能区名称	流域	水系	河流、湖库	范围		长度（km）	面积（km²）	水质目标	代表断面	备注
							起始断面	终止断面					
101	D0503001003011	蒲河镇原、西峰饮用水源区	蒲河镇原、西峰、泾川、宁县开发利用区	黄河	泾河	蒲河	三岔	巴家咀水库	68.9		III	巴家咀水库	
102	D0503001003023	蒲河西峰、镇原、泾川、宁县农业用水区	蒲河镇原、西峰、泾川、宁县开发利用区	黄河	泾河	蒲河	巴家咀水库	入泾河口	62.2		III	蒲河口	
103	D0503001103011	大黑河环县、庆城、西峰饮用水源、农业用水区	大黑河环县、庆城、西峰开发利用区	黄河	泾河	大黑河	源头	入蒲河口	52.0		II	大黑河口	
104	D0503001703012	马莲河环县、庆城、合水、宁县工业、农业用水区	马莲河环县、庆城、合水、宁县开发利用区	黄河	泾河	马莲河	洪德站	入泾河口	275.1		IV	庆阳	
105	D0503001803012	柔远川华池、庆城工业、农业用水区	柔远川华池、庆城开发利用区	黄河	泾河	柔远川	源头	入马莲河口	80.0		III	庆城	
106	D0503001903012	元城川华池工业、农业用水区	元城川华池开发利用区	黄河	泾河	元城川	铁角城	入柔远川口	50.0		III	坡蒙	
107	D0503001953013	四郎河正宁农业用水区	四郎河正宁开发利用区	黄河	泾河	四郎河	源头	罗川	46.0		III	罗川	
108	D0503002103013	黑河华亭、崇信、灵台、泾川农业用水区	黑河华亭、崇信、灵台、泾川开发利用区	黄河	泾河	黑河	神峪	梁河	100.8		III	南堡子	
109	D0503002303022	达溪河崇信、灵台工业、农业用水区	达溪河崇信、灵台开发利用区	黄河	泾河	达溪河	源头	灵台	67.0		III	灵台	

附图1 甘肃省内陆河流域疏勒河水系一级水功能区划图

一级水功能区基本信息表

序号	一级水功能区名称	范围		水质目标
		起始断面	终止断面	
1	疏勒河玉门源头水保护区	源头	昌马水文站	II
2	疏勒河玉门、瓜州开发利用区	昌马水文站	西湖	按二级区划执行
3	石油河肃南、肃北源头水保护区	源头	毛布拉	II
4	石油河玉门开发利用区	毛布拉	花海	按二级区划执行
5	白杨河肃南、玉门开发利用区	源头	入石油河口	按二级区划执行
6	榆林河肃北、瓜州开发利用区	源头	芦草沟	按二级区划执行
7	党河肃北源头水保护区	源头	别盖	II
8	党河肃北、敦煌开发利用区	别盖	入疏勒河口	按二级区划执行

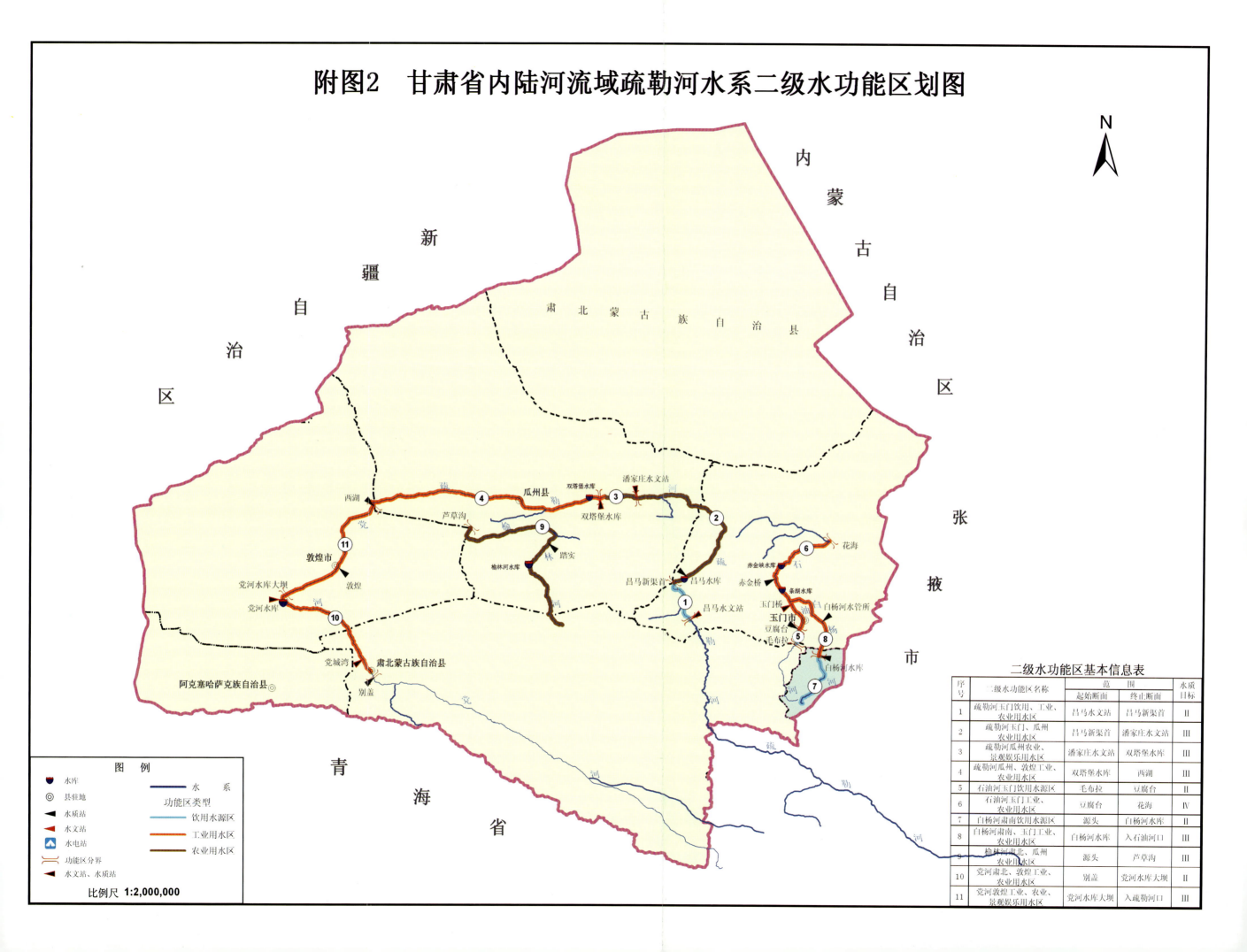

附图2　甘肃省内陆河流域疏勒河水系二级水功能区划图

二级水功能区基本信息表

序号	二级水功能区名称	范围		水质目标
		起始断面	终止断面	
1	疏勒河玉门饮用、工业、农业用水区	昌马水文站	昌马新渠首	II
2	疏勒河玉门、瓜州农业用水区	昌马新渠首	潘家庄水文站	III
3	疏勒河瓜州农业、景观娱乐用水区	潘家庄水文站	双塔堡水库	III
4	疏勒河瓜州、敦煌工业、农业用水区	双塔堡水库	西湖	III
5	石油河玉门饮用水源区	毛布拉	豆腐台	II
6	石油河玉门工业、农业用水区	豆腐台	花海	IV
7	白杨河肃南饮用水源区	源头	白杨河水库	II
8	白杨河肃南、玉门工业、农业用水区	白杨河水库	入石油河口	III
9	榆林河肃北、瓜州农业用水区	源头	芦草沟	III
10	党河肃北、敦煌工业、农业用水区	别盖	党河水库大坝	II
11	党河敦煌工业、农业、景观娱乐用水区	党河水库大坝	入疏勒河口	III

图　例

水库
县驻地
水质站
水文站
水电站
功能区分界
水文站、水质站

水　系

功能区类型
饮用水源区
工业用水区
农业用水区

比例尺 1:2,000,000

附图3 甘肃省内陆河流域苏干湖水系一级水功能区划图

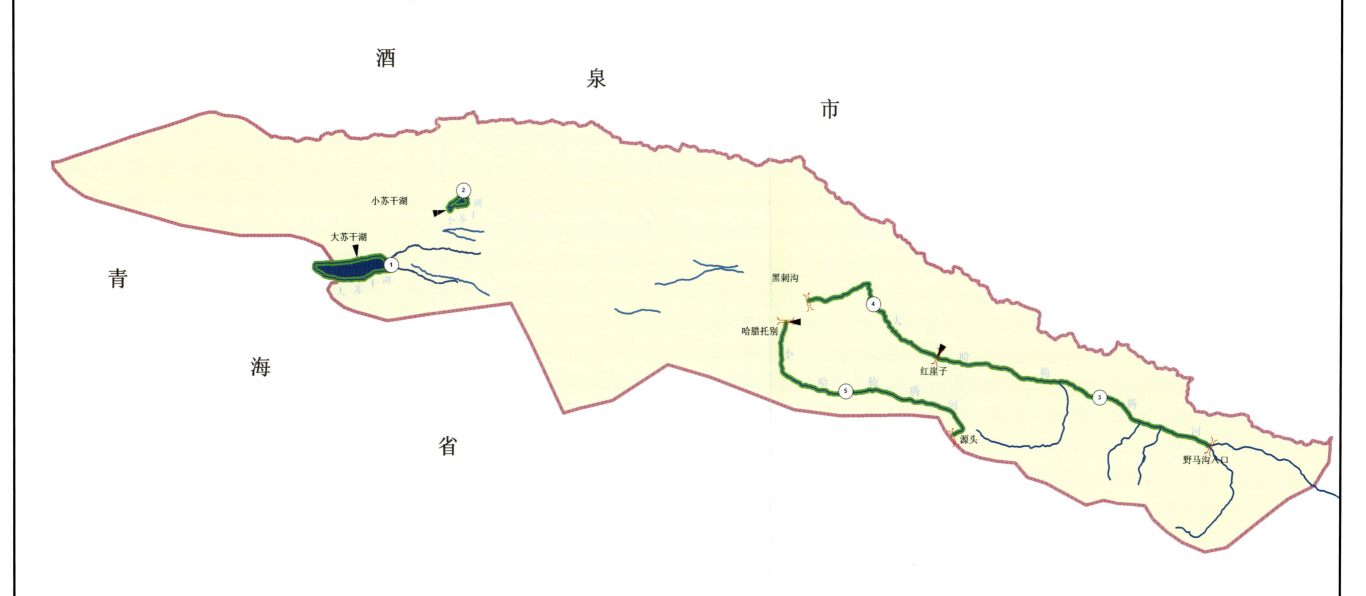

一级水功能区基本信息表

序号	一级水功能区名称	范 围		水质目标
		起始断面	终止断面	
1	大苏干湖保护区	大苏干湖		V
2	小苏干湖保护区	小苏干湖		III
3	大哈勒腾河阿克赛源头水保护区	野马河入口	红崖子	II
4	大哈勒腾河阿克赛调水水源保护区	红崖子	黑刺沟	II
5	小哈勒腾河阿克赛源头水保护区	源头	哈腊托别	II

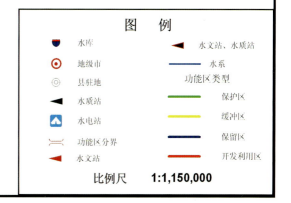

图 例

◆	水库	◀	水文站、水质站
◉	地级市	—	水系
◎	县驻地		功能区类型
◀	水质站	—	保护区
▲	水电站	—	缓冲区
✕	功能区分界	—	保留区
◀	水文站	—	开发利用区

比例尺 1:1,150,000

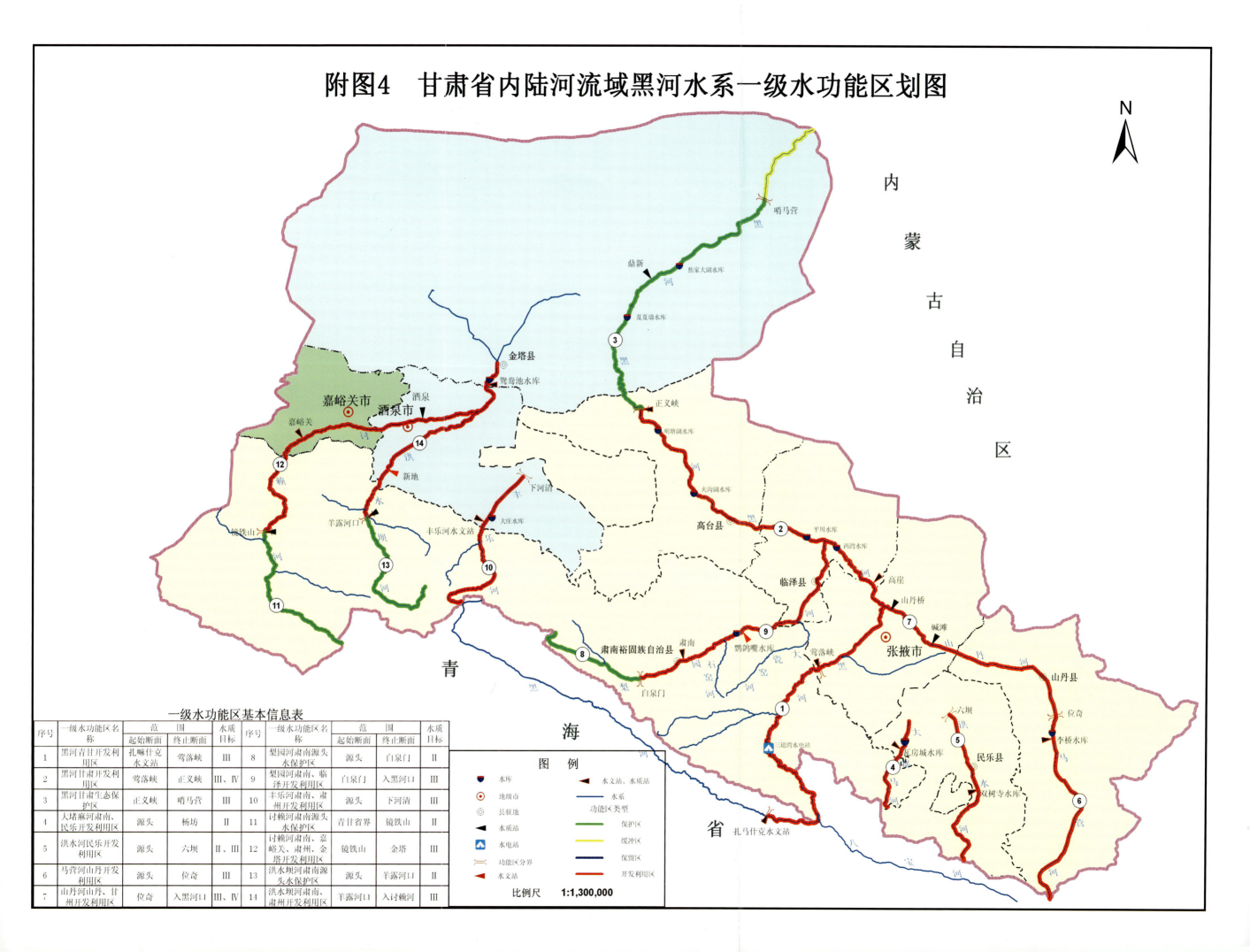

附图4 甘肃省内陆河流域黑河水系一级水功能区划图

内蒙古自治区

青海省

一级水功能区基本信息表

序号	一级水功能区名称	范围		水质目标	序号	一级水功能区名称	范围		水质目标
		起始断面	终止断面				起始断面	终止断面	
1	黑河青甘开发利用区	扎嘛什克水文站	莺落峡	III	8	梨园河甘肃南源头水保护区	源头	白泉门	II
2	黑河甘肃开发利用区	莺落峡	正义峡	III、IV	9	梨园河甘肃南、临泽开发利用区	白泉门	入黑河口	III
3	黑河甘肃生态保护区	正义峡	哨马营	III	10	丰乐河甘肃南、肃州开发利用区	源头	下河清	III
4	大堵麻河肃南、民乐开发利用区	源头	杨坊	II	11	讨赖河甘肃南源头水保护区	青甘省界	镜铁山	II
5	洪水河民乐开发利用区	源头	六坝	II、III	12	讨赖河甘肃南、嘉峪关、肃州、金塔开发利用区	镜铁山	金塔	III
6	马营河山丹开发利用区	源头	位奇	III	13	洪水坝甘肃南源头水保护区	源头	羊露河口	II
7	山丹河山丹、甘州开发利用区	位奇	入黑河口	III、IV	14	洪水坝甘肃南、肃州开发利用区	羊露河口	入讨赖河	III

图例

符号	说明	符号	说明
	水库		水文站、水质站
	地级市		水系
	县驻地		功能区类型
	水质站		保护区
	水电站		缓冲区
	功能区分界		保留区
	水文站		开发利用区

比例尺 1:1,300,000

附图5 甘肃省内陆河流域黑河水系二级水功能区划图

二级水功能区基本信息表

序号	二级水功能区名称	范围		水质目标	序号	二级水功能区名称	范围		水质目标
		起始断面	终止断面				起始断面	终止断面	
1	黑河青甘农业用水区	扎马什克水文站	莺落峡	III	8	马营河山丹农业用水区	源头	位奇	III
2	黑河甘州农业用水区	莺落峡	黑河大桥	III	9	山丹河山丹、甘州农业、渔业用水区	位奇	碱滩	III
3	黑河甘州工业、农业用水区	黑河大桥	高崖水文站	IV	10	山丹河甘州工业、农业用水区	碱滩	入黑河口	IV
4	黑河临泽、高台、金塔工业、农业用水区	高崖水文站	正义峡	III	11	梨园河肃南、临泽农业用水区	白泉门	入黑河口	III
5	大堵麻河肃南、民乐农业用水区	源头	杨坊	II	12	丰乐河肃南、肃州农业用水区	源头	下河清	III
6	洪水民乐饮用、工业、农业用水区	源头	双树寺水库	II	13	讨赖河肃南、嘉峪关、金塔工业用水区	镜铁山	金塔	III
7	洪水坝河民乐农业用水区	双树寺水库	六坝	III	14	洪水坝河肃南、肃州农业用水区	羊露河口	入讨赖河	III

图例

	水库		水系
	地级市	功能区类型	
	县驻地		饮用水源区
	水质站		工业用水区
	水文站		农业用水区
	水电站		渔业用水区
	功能区分界		
	水文站、水质站		

比例尺 1:1,300,000

附图6 甘肃省内陆河流域石羊河水系一级水功能区划图

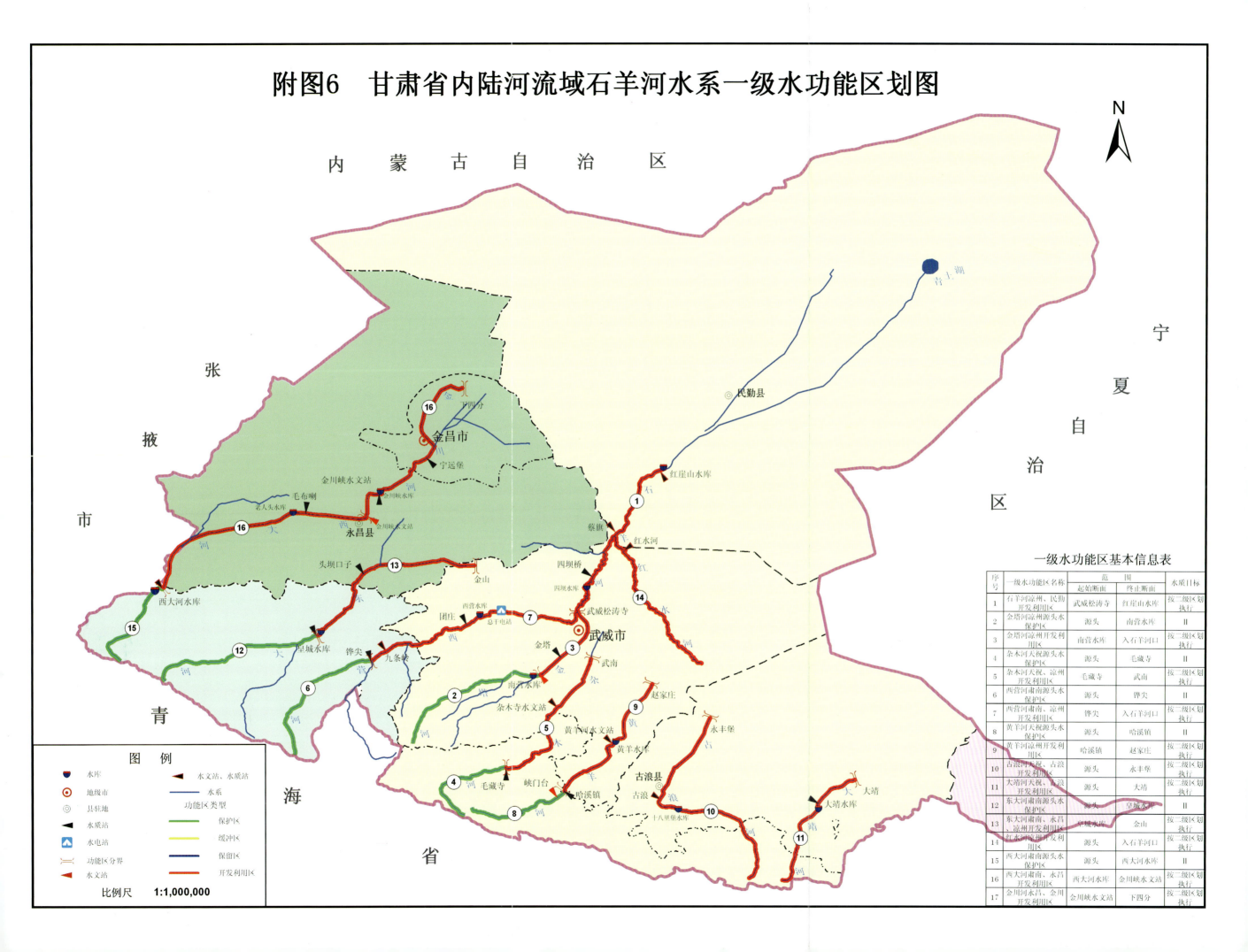

附图7　甘肃省内陆河流域石羊河水系二级水功能区划图

附图8 甘肃省黄河流域干流水系龙羊峡以上一级水功能区划图

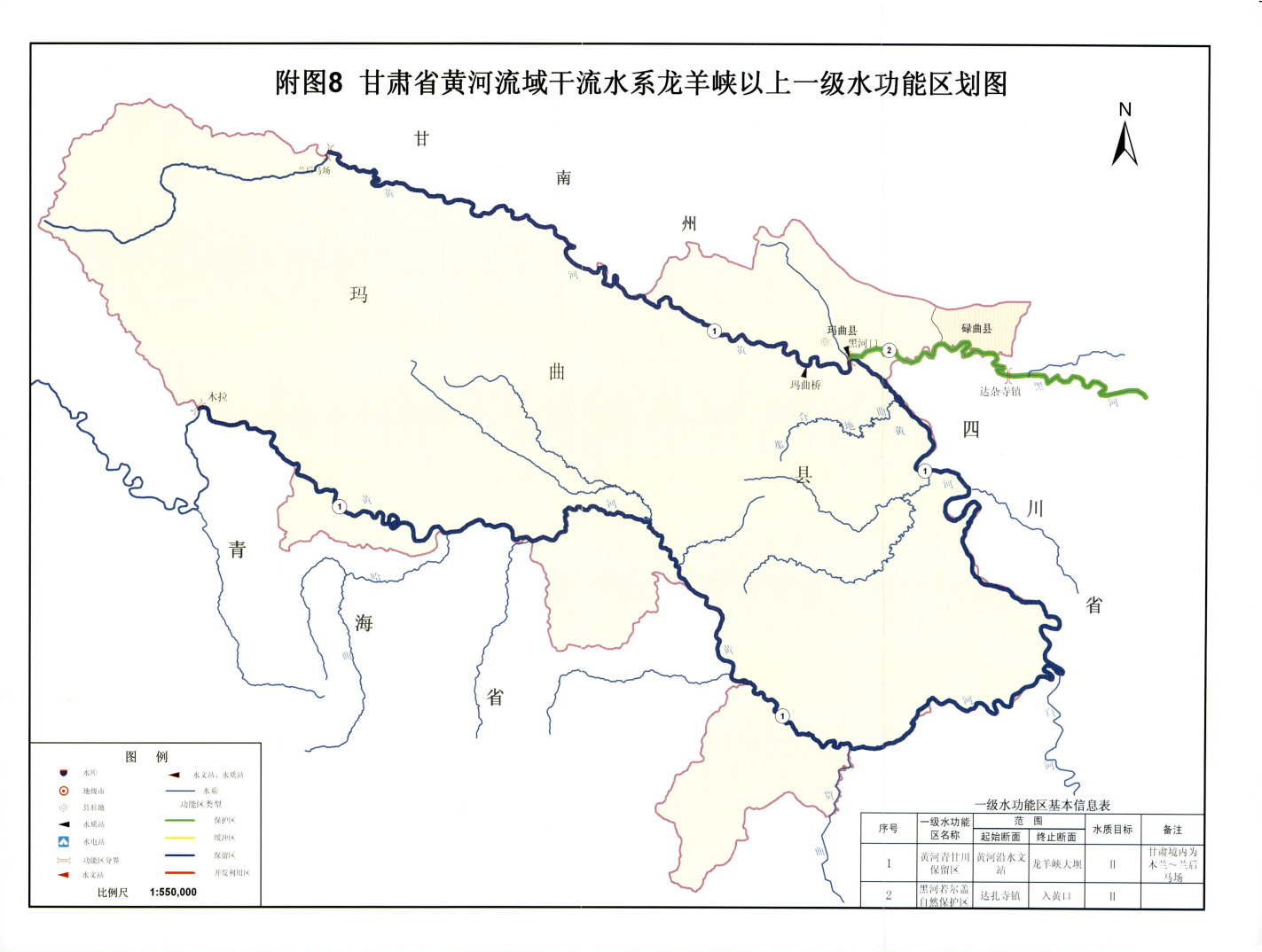

N

甘南州

碌曲县

玛曲县

黑河口

玛曲桥

达杂寺镇

四川省

青海省

图例

水库		水文站、水质站	
地级市		水系	
县驻地		功能区类型	
水质站		保护区	
水电站		缓冲区	
功能区分界		保留区	
水文站		开发利用区	

比例尺 1:550,000

一级水功能区基本信息表

序号	一级水功能区名称	范围		水质目标	备注
		起始断面	终止断面		
1	黄河青甘川保留区	黄河沿水文站	龙羊峡大坝	II	甘肃境内为木兰~兰后马场
2	黑河若尔盖自然保护区	达扎寺镇	入黄口	II	

附图9 甘肃省黄河流域黄河干流水系龙羊峡以下一级水功能区划图

一级水功能区基本信息表

序号	一级水功能区名称	范围		水质目标
		起始断面	终止断面	
1	黄河青甘缓冲区	清水河入口	朱家大湾	II
2	黄河甘肃开发利用区	朱家大湾	五佛寺	按二级区划执行
3	黄河甘宁缓冲区	五佛寺	下河沿	III
4	吹麻滩河积石山开发利用区	源头	入黄口	按二级区划执行
5	银川河积石山县保留区	源头	入黄口	II
6	庄浪河天祝源头水保护区	源头	红疙瘩	II
7	庄浪河天祝、永登开发利用区	红疙瘩	入黄口	按二级区划执行
8	宛川河榆中开发利用区	源头	高崖水库	按二级区划执行
9	祖厉河通渭、会宁开发利用区	源头	会宁	按二级区划执行
10	祖厉河会宁、靖远保留区	会宁	入黄口	IV
11	关川河安定开发利用区	源头	巉口	按二级区划执行
12	关川河安定、会宁保留区	巉口	入祖厉河口	IV

图例

- 水库
- 地级市
- 县驻地
- 水文站
- 水电站
- 功能区分界
- 水文站

- 水文站、水质站
- 水系
- 功能区类型
  - 保护区
  - 缓冲区
  - 保留区
  - 开发利用区

比例尺 1:900,000

附图10 甘肃省黄河流域黄河干流水系龙羊峡以下二级水功能区划图

二级水功能区基本信息表

序号	二级水功能区名称	范围		水质目标	序号	二级水功能区名称	范围		水质目标
		起始断面	终止断面				起始断面	终止断面	
1	黄河刘家峡饮用、渔业用水源区	朱家大嘴	刘家峡大坝	II	10	黄河靖远工业、渔业用水区	北嘴	五佛寺	III
2	黄河盐锅峡工业、渔业用水区	刘家峡大坝	盐锅峡大坝	II	11	吹麻滩河积石山饮用水源区	源头	入黄河口	II
3	黄河八盘峡农业、渔业用水区	盐锅峡大坝	八盘峡大坝	II	12	庄浪河天祝饮用、工业、农业、渔业用水区	红疙瘩	龙泉	II
4	黄河兰州饮用、工业用水区	八盘峡大坝	西柳沟	II	13	庄浪河水景农业用水区	龙泉	入黄河口	III
5	黄河兰州工业、景观娱乐用水区	西柳沟	青白石	III	14	宛川河榆中渔业用水区	源头	高崖水库	III
6	黄河兰州排污控制区	青白石	包兰桥		15	宛川河榆中工业、农业用水区	高崖水库	入黄河口	IV
7	黄河兰州过渡区	包兰桥	什川吊桥		16	祖厉河通渭、会宁农业用水区	源头	会宁	IV
8	黄河皋兰农业用水区	什川吊桥	大峡大坝	III	17	关川河安定农业用水区	源头	巉口	IV
9	黄河白银饮用、工业用水区	大峡大坝	北嘴	III					

图例

水库
地级市
县驻地
水质站
水文站
水电站
功能区分界
水文站、水质站

水系
功能区类型
过渡区
排污控制区
饮用水源区
工业用水区
农业用水区
渔业用水区
景观娱乐用水区

比例尺 1:900,000

附图11 甘肃省黄河流域大夏河、洮河水系一级水功能区划图

附图12 甘肃省黄河流域大夏河、洮河水系二级水功能区划图

二级水功能区基本信息表

序号	二级水功能区名称	范围		水质目标
		起始断面	终止断面	
1	大夏河夏河饮用水源区	桑科水库出口	夏河县城	II
2	大夏河夏河、临夏工业、农业用水区	夏河县城	双城	III
3	大夏河临夏饮用水源区	双城	临夏新桥	II
4	大夏河临夏工业、农业用水区	临夏新桥	入黄河口	III
5	老鸦关河临夏渔业用水区	麻尼寺沟	入大夏河口	II
6	槐树关河临夏饮用水、渔业用水区	合作临夏县界	入大夏河口	II
7	红水河临夏农业用水区	红台	入大夏河口	III
8	牛津河和政、临夏饮用、工业、农业用水区		马家堡	入大夏河口	III
9	洮河碌曲、合作、卓尼、临潭饮用、农业用水区	青走道电站	那瑞	II
10	洮河卓尼饮用水源区	那瑞	卓尼	II
11	洮河卓尼、临潭、岷县工业、农业用水区	卓尼	穷林湾	III
12	洮河岷县饮用水源区	穷林湾	岷县	II
13	洮河岷县、临潭、卓尼、康乐、渭源、临洮工业、农业用水区	岷县	杨家庄	III
14	洮河临洮饮用水源区	杨家庄	临洮县城	II
15	洮河临洮、广河、东乡、水靖工业、农业、渔业用水区	临洮县城	入黄口	III
16	冶木河合作、卓尼、临潭、康乐农业用水区	源头	入洮河口	II
17	苏集河(三岔河)康乐、临洮工业、农业用水区	康乐县城	入洮河口	II
18	广通河合作、和政饮用、农业用水区	源头	买家集	II
19	广通河和政、广河工业、农业用水区	买家集	入洮河口	III

附图13　甘肃省黄河流域湟水水系一级水功能区划图

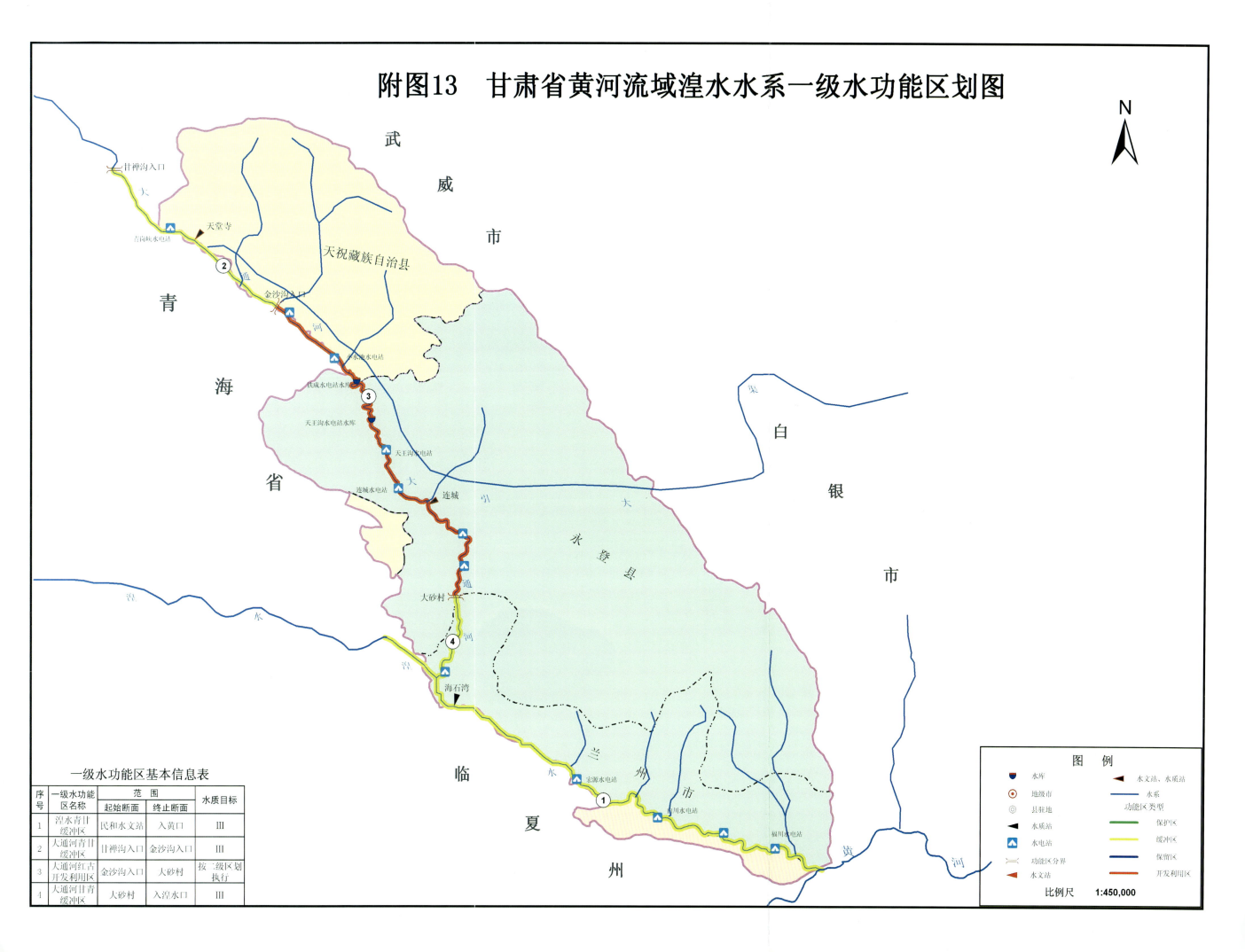

一级水功能区基本信息表

序号	一级水功能区名称	范围		水质目标
		起始断面	终止断面	
1	湟水青甘缓冲区	民和水文站	入黄口	III
2	大通河甘青缓冲区	甘禅沟入口	金沙沟入口	III
3	大通河红古开发利用区	金沙沟入口	大砂村	按二级区划执行
4	大通河甘青缓冲区	大砂村	入湟水口	III

图　例

水库		水文站、水质站	
地级市		水系	
县驻地		功能区类型	
水质站		保护区	
水电站		缓冲区	
功能区分界		保留区	
水文站		开发利用区	

比例尺　　1:450,000

附图14 甘肃省黄河流域湟水水系二级水功能区划图

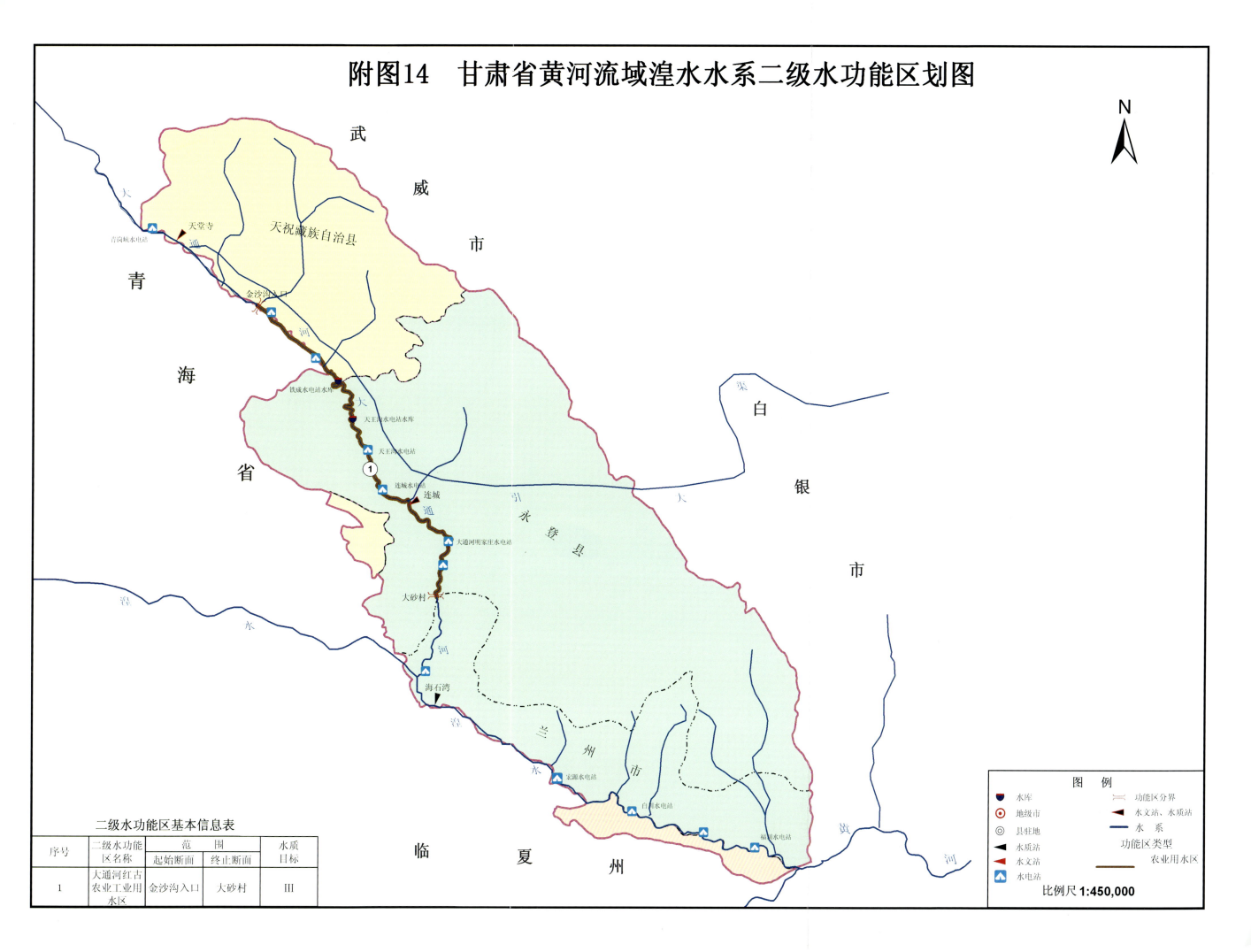

N

武威市

天祝藏族自治县

大通河

天堂寺

青岗峡水电站

青海省

金沙沟口

铁城水电站水库

天王山水电站水库

天王岩水电站

连城水电站

连城

大通河明家庄水电站

引水登县

大砂村

大通河

栗白银市

海石湾

湟水

兰州市

宏源水电站

白川水电站

福川水电站

黄河

临夏州

比例尺1:450,000

图 例

水库		功能区分界
地级市		水文站、水质站
县驻地		水 系
水质站		功能区类型
水文站		农业用水区
水电站		

二级水功能区基本信息表

序号	二级水功能区名称	范围		水质目标
		起始断面	终止断面	
1	大通河红古农业工业用水区	金沙沟入口	大砂村	III

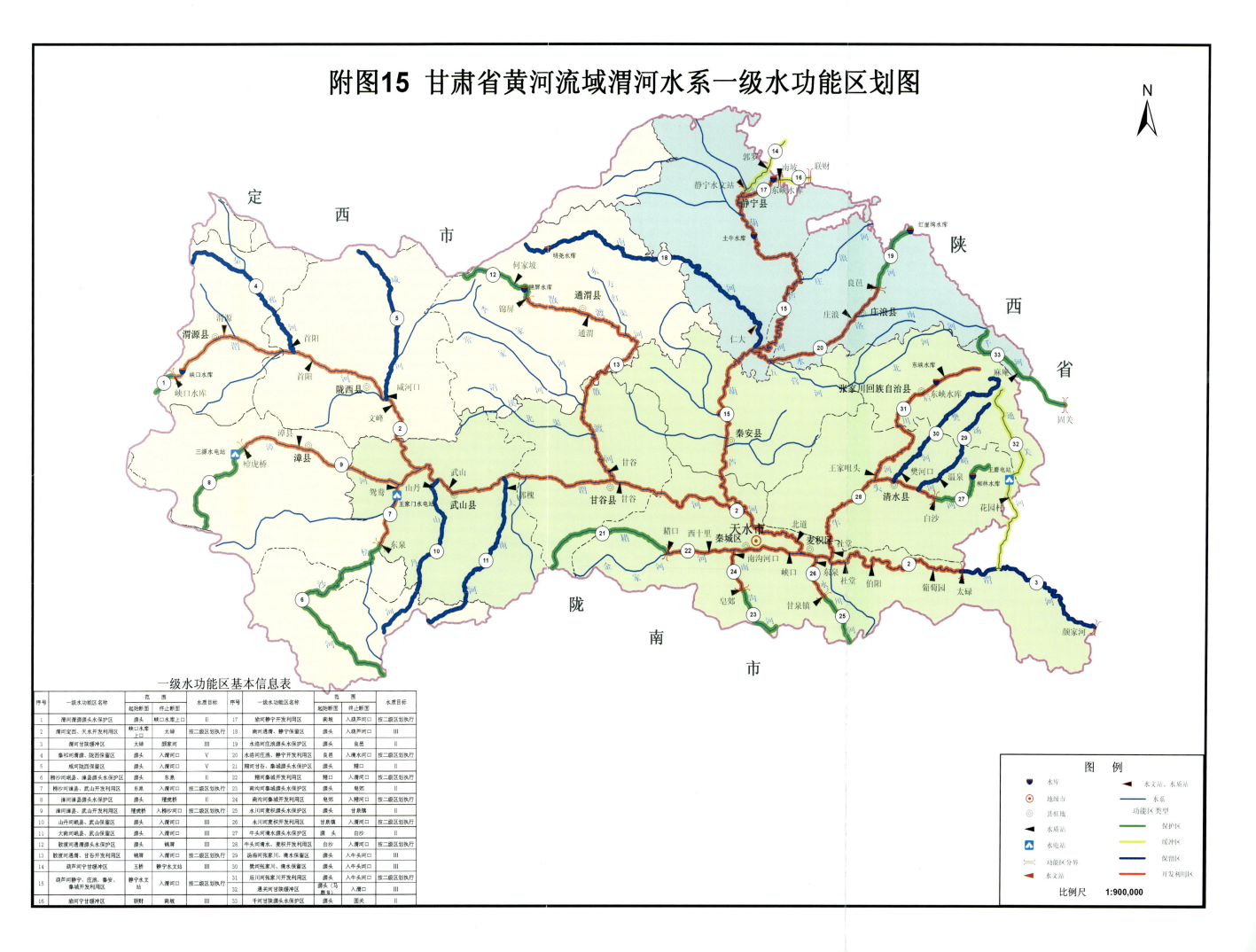

附图15 甘肃省黄河流域渭河水系一级水功能区划图

一级水功能区基本信息表

序号	一级水功能区名称	范围		水质目标	序号	一级水功能区名称	范围		水质目标
		起始断面	终止断面				起始断面	终止断面	
1	渭河渭源源头水保护区	源头	峡口水库上口	Ⅱ	17	葫芦河静宁开发利用区	南坡	入葫芦河口	按二级区划执行
2	渭河定西、天水开发利用区	峡口水库上口	太碌	按二级区划执行	18	南河通渭、静宁保留区	源头	入葫芦河	Ⅱ
3	渭河甘陕缓冲区	太碌	颜家河	Ⅲ	19	水洛河庄浪源头水保护区	源头	良邑	Ⅱ
4	秦祁河渭源、陇西保留区	源头	入渭河口	Ⅴ	20	水洛河庄浪、静宁开发利用区	良邑	入葫芦河	按二级区划执行
5	咸河陇西保留区	源头	入渭河口	Ⅱ	21	耤河甘谷、秦城源头水保护区	源头	耤口	Ⅱ
6	榜沙河渭源、漳县源头水保护区	源头	东泉	Ⅱ	22	耤河秦城开发利用区	耤口	入渭河口	按二级区划执行
7	榜沙河漳县、武山开发利用区	东泉	入渭河口	按二级区划执行	23	南沟河秦城源头水保护区	源头	皂郊	Ⅱ
8	漳河漳县源头水保护区	源头	煴虎桥	Ⅱ	24	南沟河秦城开发利用区	皂郊	入渭河口	按二级区划执行
9	漳河漳县、武山开发利用区	煴虎桥	入榜沙河口	按二级区划执行	25	永川河麦积源头水保护区	源头	甘泉镇	Ⅱ
10	山丹河岷县、武山保留区	源头	入渭河口	Ⅲ	26	永川河麦积开发利用区	甘泉镇	入渭河口	按二级区划执行
11	大南河岷县、武山保留区	源头	入渭河口	Ⅲ	27	牛头河清水、麦积开发利用区	白沙	入渭河口	按二级区划执行
12	散渡河通渭源头水保护区	源头	锦屏	Ⅲ	28	牛头河清水源头水保护区	源头	白沙	Ⅱ
13	散渡河通渭、甘谷开发利用区	锦屏	入渭河口	按二级区划执行	29	汤浴河张家川、清水保留区	源头	入牛头河	Ⅲ
14	葫芦河静宁缓冲区	玉桥	静宁水文站	Ⅲ	30	樊河张家川、清水保护区	源头	入牛头河	Ⅲ
15	葫芦河静宁、庄浪、秦安、秦城开发利用区	静宁水文站	入渭河口	按二级区划执行	31	后河张家川开发利用区	源头	入牛头河	按二级区划执行
					32	通关河甘陕缓冲区	源头(马鹿乡)	入渭口	Ⅲ
16	渝河宁甘缓冲区	联财	南坡	Ⅲ	33	千河甘源头水保护区	源头	固关	Ⅱ

图 例

	水库		水文站、水质站
	地级市		水系
	县驻地		功能区类型
	水质站		保护区
	水电站		缓冲区
	功能区分界		保留区
	水文站		开发利用区

比例尺 1:900000

附图16 甘肃省黄河流域渭河水系二级水功能区划图

二级水功能区基本信息表

序号	二级水功能区名称	范围		水质目标	序号	二级水功能区名称	范围		水质目标
		起始断面	终止断面				起始断面	终止断面	
1	渭河渭源、陇西农业用水区	峡口水库上口	秦祁河入口	III	12	葫芦河静宁、庄浪工业、农业用水区	静宁水文站	高家峡	III
2	渭河陇西、武山工业、农业用水区	秦祁河入口	榜沙河入口	III	13	葫芦河静宁、秦安、秦城工业、农业用水区	高家峡	入渭河口	III
3	渭河武山工业、农业用水区	榜沙河入口	大南河入口	III	14	渝河静宁饮用、工业、农业用水区	南坡	入葫芦河口	III
4	渭河武山、甘谷工业、农业用水区	大南河入口	渭水峪	III	15	水洛河庄浪、静宁农业用水区	良邑	入清水河口	III
5	渭河甘谷、秦城、麦积工业、农业用水区	渭水峪	藉河入口	III	16	藉河秦城饮用水源区	藉口	西十里	II
6	渭河秦城、麦积排污控制区	藉河入口	社棠		17	藉河秦城工业、农业用水区	西十里	入渭河口	III
7	渭河秦城过渡区	社棠	伯阳	III	18	南沟河秦城工业、农业用水区	皂郊	入藉河口	III
8	渭河秦城农业用水区	伯阳	太碌	III	19	永川河麦积饮用水源区	甘泉镇	入渭河口	III
9	榜沙河漳县、武山工业、农业用水	东泉	入渭河口	III	20	牛头河麦积工业、农业用水区	白沙	入渭河口	III
10	漳河漳县、武山农业用水区	瞌虎桥	入榜沙河口	III	21	后川河张家川饮用水源区	源头	东峡水库	II
11	散渡河通渭、甘谷农业用水区	锦屏	入渭河口	III	22	后川河张家川工业、农业用水区	东峡水库	入牛头河口	III

图例

图

	水系
水库	
地级市	功能区类型
县驻地	过渡区
水质站	排污控制区
水文站	饮用水源区
水电站	工业用水区
功能区分界	农业用水区
水文站、水质站	

比例尺 1:900,000

附图17 甘肃省黄河流域泾河水系一级水功能区划图

一级水功能区基本信息表

序号	一级水功能区名称	范围		水质目标
		起始断面	终止断面	
1	泾河宁甘缓冲区	白面镇	崆峒峡	III
2	泾河甘肃开发利用区	崆峒峡	长庆桥	按二级区划执行
3	泾河甘陕缓冲区	长庆桥	胡家河村	IV
4	小路河崆峒保留区	源头	入泾河口	III
5	大路河崆峒保留区	源头	入泾河口	III
6	汭河华亭源头水保护区	源头	蒲家庆	II
7	汭河华亭、崇信、泾川开发利用区	蒲家庆	入泾河口	按二级区划执行
8	石堡子河华亭开发利用区	源头	入汭河口	按二级区划执行
9	洪河宁甘缓冲区	红河	惠沟	III
10	洪河镇原、泾川保留区	惠沟	入泾河口	III
11	蒲河宁甘源头水保护区	源头	三岔	II
12	蒲河镇原、西峰、泾川、宁县开发利用区	三岔	入泾河口	按二级区划执行
13	大黑河环县、庆城、西峰开发利用区	源头	入蒲河口	按二级区划执行
14	茹河宁甘缓冲区	城阳	王凤沟坝址	IV
15	茹河镇原保留区	王凤沟坝址	入蒲河口	III
16	马莲河定边源头水保护区	源头	洪德站	III
17	马莲河环县、庆城、合水、宁县开发利用区	洪德站	入泾河口	IV
18	柔远川华池、庆城开发利用区	源头	入马莲河口	按二级区划执行
19	元城川华池开发利用区	铁角城	入柔远川口	按二级区划执行
20	四郎河正宁开发利用区	源头	罗川	按二级区划执行
21	四郎河甘陕缓冲区	罗川	入泾河口	III
22	黑河华亭源头水保护区	源头	神峪	III
23	黑河华亭、崇信、灵台、泾川开发利用区	神峪	梁河	按二级区划执行
24	黑河甘陕缓冲区	梁河	达溪河入口	III
25	达溪河崇信、灵台开发利用区	源头	灵台	按二级区划执行
26	达溪河甘陕缓冲区	灵台县	甘陕省界	III
27	葫芦河甘陕源头水保护区	源头	直罗	III

附图18 甘肃省黄河流域泾河水系二级水功能区划图

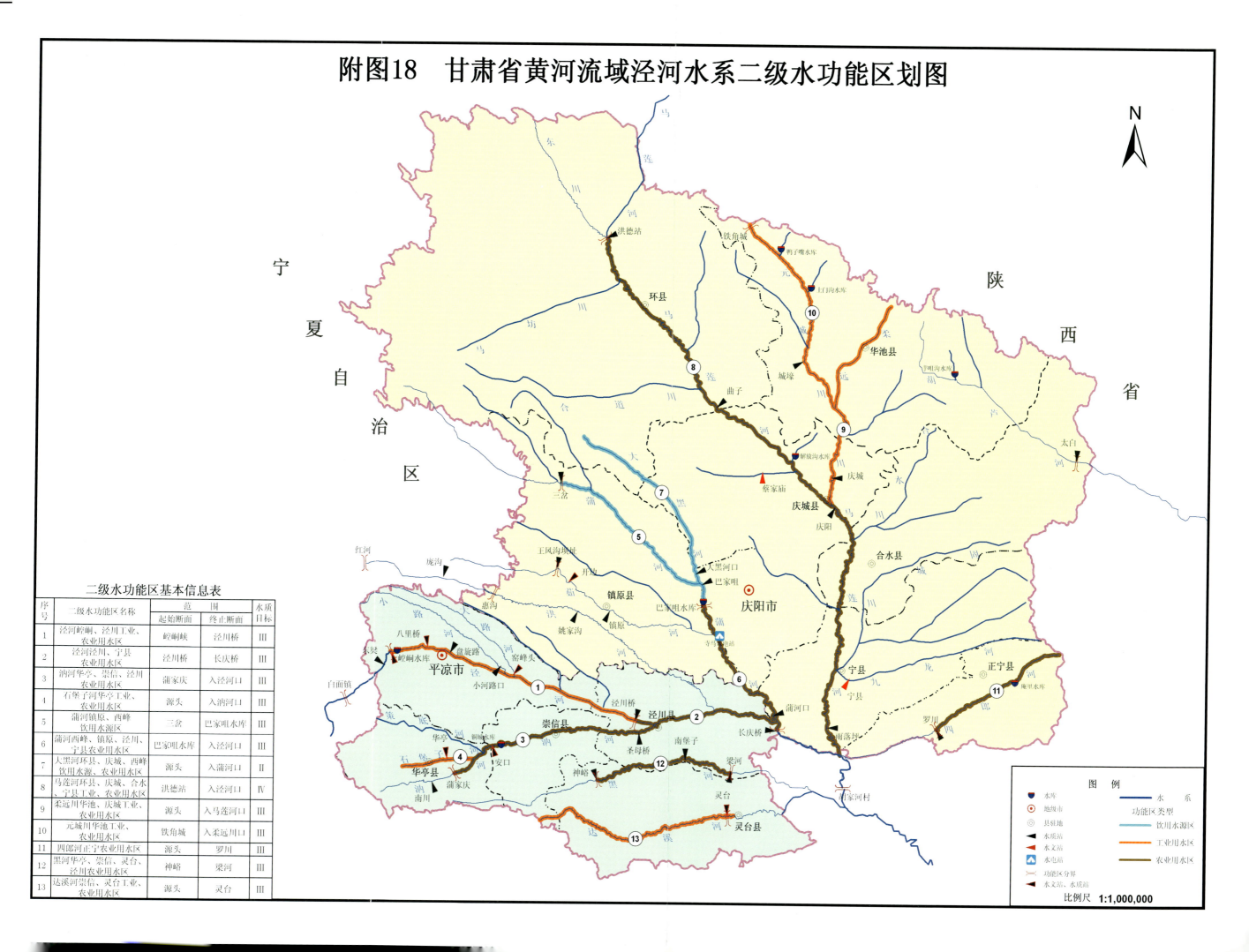

二级水功能区基本信息表

序号	二级水功能区名称	范围		水质目标
		起始断面	终止断面	
1	泾河崆峒、泾川工业、农业用水区	崆峒峡	泾川桥	III
2	泾河泾川、宁县农业用水区	泾川桥	长庆桥	III
3	汭河华亭、崇信、泾川农业用水区	蒲家庆	入泾河口	III
4	石堡子河华亭工业、农业用水区	源头	入汭河口	III
5	蒲河镇原、西峰饮用水源区	三岔	巴家咀水库	III
6	蒲河西峰、镇原、泾川、宁县农业用水区	巴家咀水库	入泾河口	III
7	大黑河环县、庆城、西峰饮用水源、农业用水区	源头	入蒲河口	II
8	马莲河环县、庆城、合水、宁县工业、农业用水区	洪德站	入泾河口	IV
9	柔远川华池、庆城工业、农业用水区	源头	入马莲河口	III
10	元城川华池工业、农业用水区	铁角城	入柔远川口	III
11	四郎河正宁农业用水区	源头	罗川	III
12	黑河华亭、崇信、灵台、泾川农业用水区	神峪	梁河	III
13	达溪河崇信、灵台工业、农业用水区	源头	灵台	III

比例尺 1:1,000,000

图 例

水系

水库
地级市
县驻地
水质站
水文站
水电站
功能区分界
水文站、水质站

功能区类型
饮用水源区
工业用水区
农业用水区

附图19 甘肃省长江流域嘉陵江水系嘉陵江一级水功能区划图

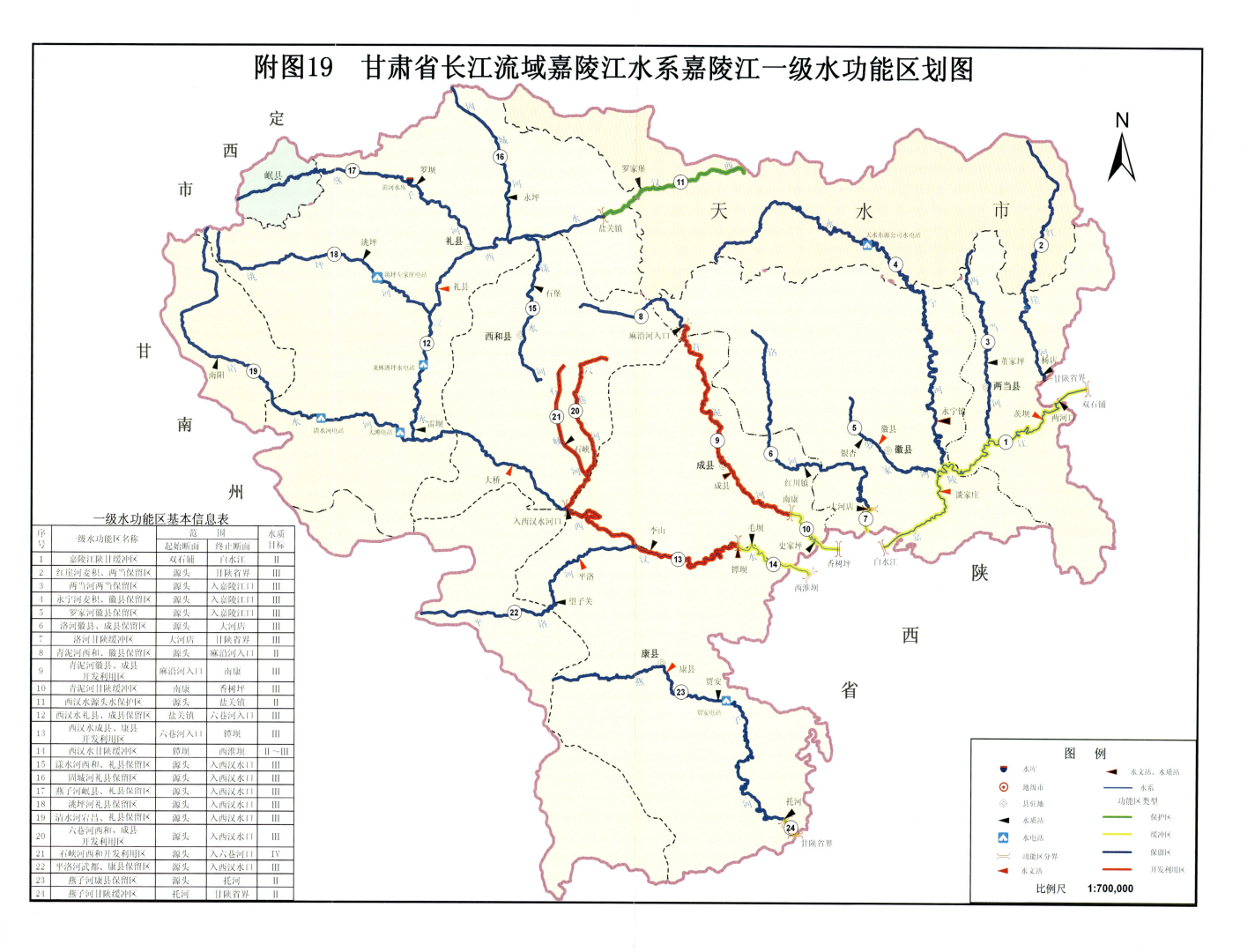

一级水功能区基本信息表

序号	一级水功能区名称	范围		水质目标
		起始断面	终止断面	
1	嘉陵江陕甘缓冲区	双石铺	白水江	II
2	红崖河麦积、两当保留区	源头	甘陕省界	III
3	两当河两当保留区	源头	入嘉陵江口	III
4	永宁河麦积、徽县保留区	源头	入嘉陵江口	III
5	罗家河徽县保留区	源头	入嘉陵江口	III
6	洛河徽县、成县保留区	源头	大河店	III
7	洛河甘陕缓冲区	大河店	甘陕省界	III
8	青泥河西和、徽县保留区	源头	麻沿河入口	II
9	青泥河徽县、成县开发利用区	麻沿河入口	南康	III
10	青泥河甘陕缓冲区	南康	香树坪	III
11	西汉水源头水保护区	源头	盐关镇	II
12	西汉水礼县、成县保留区	盐关镇	六巷河入口	III
13	西汉水成县、康县开发利用区	六巷河入口	镡坝	III
14	西汉水甘陕缓冲区	镡坝	西淮坝	II~III
15	漾水河西和、礼县保留区	源头	入西汉水口	III
16	固城河礼县保留区	源头	入西汉水口	III
17	燕子河岷县、礼县保留区	源头	入西汉水口	III
18	洮坪河礼县保留区	源头	入西汉水口	III
19	清水河宕昌、礼县保留区	源头	入西汉水口	III
20	六巷河西和、成县开发利用区	源头	入西汉水口	III
21	石峡河西和开发利用区	源头	入六巷河口	IV
22	平洛河武都、康县保留区	源头	入西汉水口	III
23	燕子河康县保留区	源头	托河	II
24	燕子河甘陕缓冲区	托河	甘陕省界	II

图例

水库		水文站、水质站	
地级市		水系	
县驻地		功能区类型	
水电站		保护区	
水质站		缓冲区	
功能区分界		保留区	
水文站		开发利用区	

比例尺 1:700 000

附图20 甘肃省长江流域嘉陵江水系嘉陵江二级水功能区划图

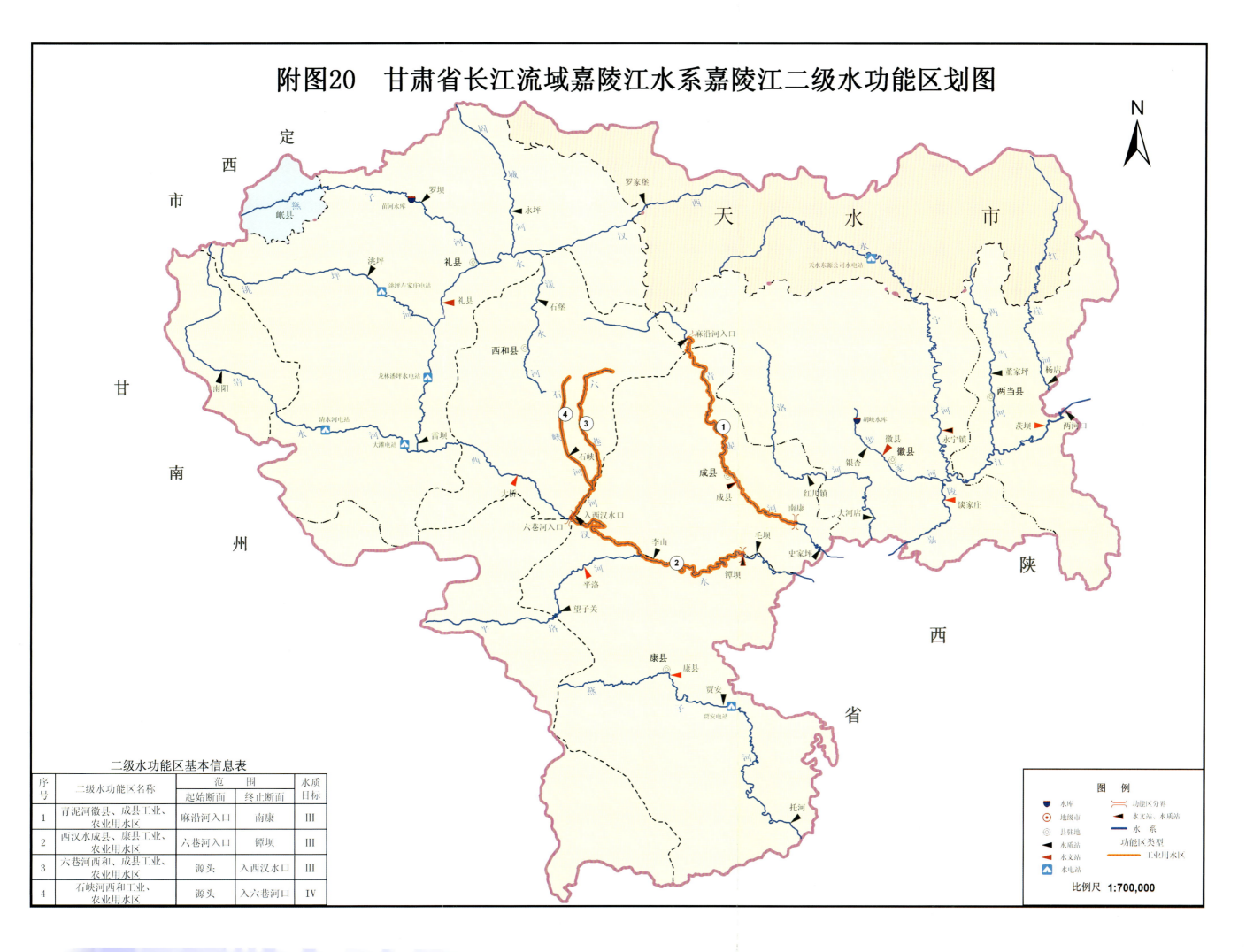

二级水功能区基本信息表

序号	二级水功能区名称	范围		水质目标
		起始断面	终止断面	
1	青泥河徽县、成县工业、农业用水区	麻沿河入口	南康	III
2	西汉水成县、康县工业、农业用水区	六巷河入口	谭坝	III
3	六巷河西和工业、农业用水区	源头	入西汉水口	III
4	石峡河西和工业、农业用水区	源头	入六巷河口	IV

图　例

水库	功能区分界
地级市	水文站、水质站
县驻地	水　系
水质站	功能区类型
水文站	工业用水区
水电站	

比例尺 1:700,000

附图21　甘肃省长江流域嘉陵江水系白龙江一级水功能区划图

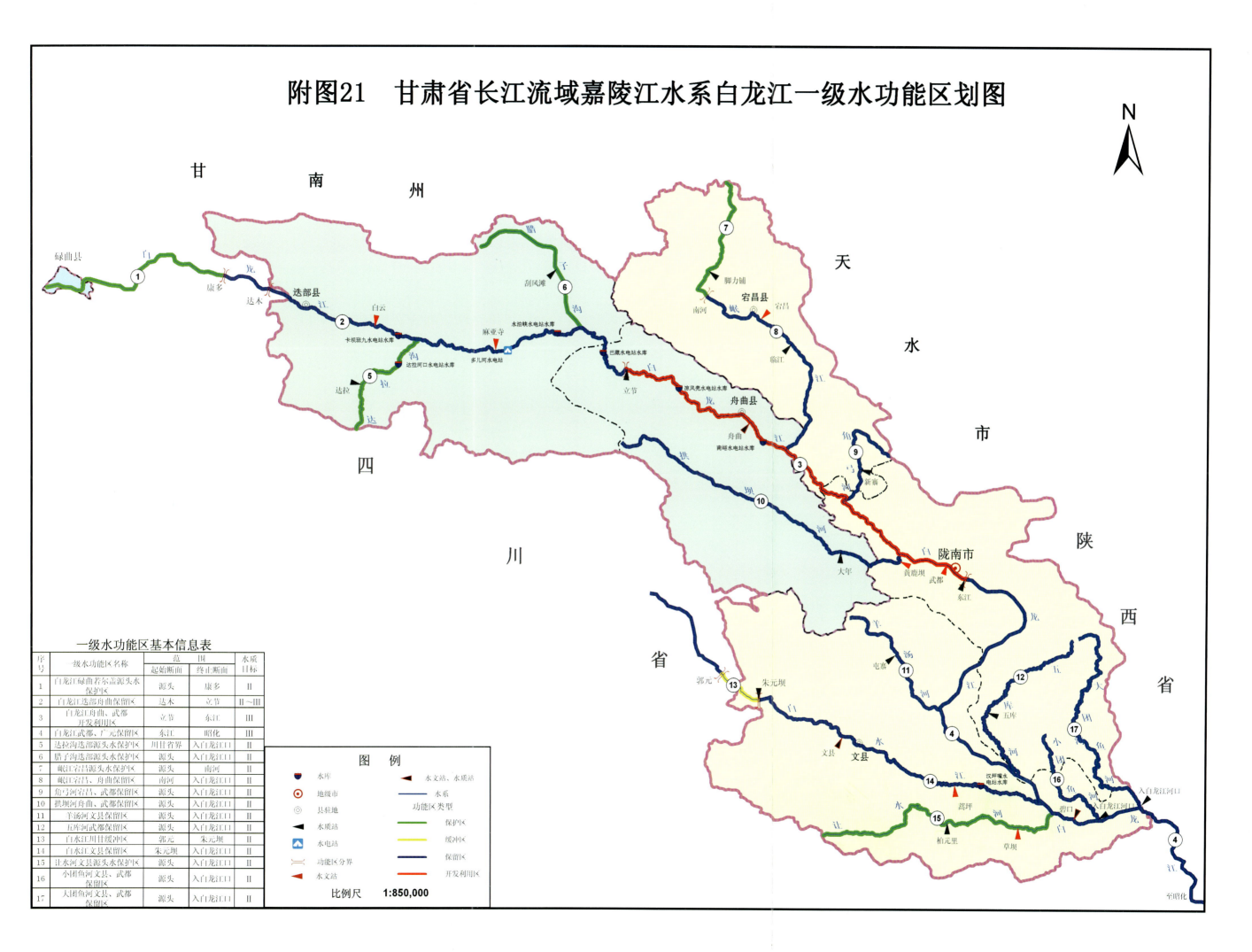

一级水功能区基本信息表

序号	一级水功能区名称	范围		水质目标
		起始断面	终止断面	
1	白龙江碌曲若尔盖源头水保护区	源头	康多	II
2	白龙江迭部舟曲保留区	达木	立节	II～III
3	白龙江舟曲、武都开发利用区	立节	东江	III
4	白龙江武都、广元保留区	东江	昭化	III
5	达拉沟迭部源头水保护区	川甘省界	入白龙江口	II
6	腊子沟迭部源头水保护区	源头	入白龙江口	II
7	岷江宕昌源头水保护区	源头	南河	II
8	岷江宕昌、舟曲保留区	南河	入白龙江口	II
9	角弓河宕昌、武都保留区	源头	入白龙江口	II
10	拱坝河舟曲、武都保留区	源头	入白龙江口	II
11	羊汤河文县保留区	源头	入白龙江口	II
12	五库河武都保留区	源头	入白龙江口	II
13	白水江川甘缓冲区	郭元	朱元坝	II
14	白水江文县保留区	朱元坝	入白龙江口	II
15	让水河文县源头水保护区	源头	入白龙江口	II
16	小团鱼河文县、武都保留区	源头	入白龙江口	II
17	大团鱼河文县、武都保留区	源头	入白龙江口	II

图　例

- 水库
- 地级市
- 县驻地
- 水质站
- 水电站
- 功能区分界
- 水文站

- 水文站、水质站
- 水系
- 功能区类型
  - 保护区
  - 缓冲区
  - 保留区
  - 开发利用区

比例尺　1:850,000

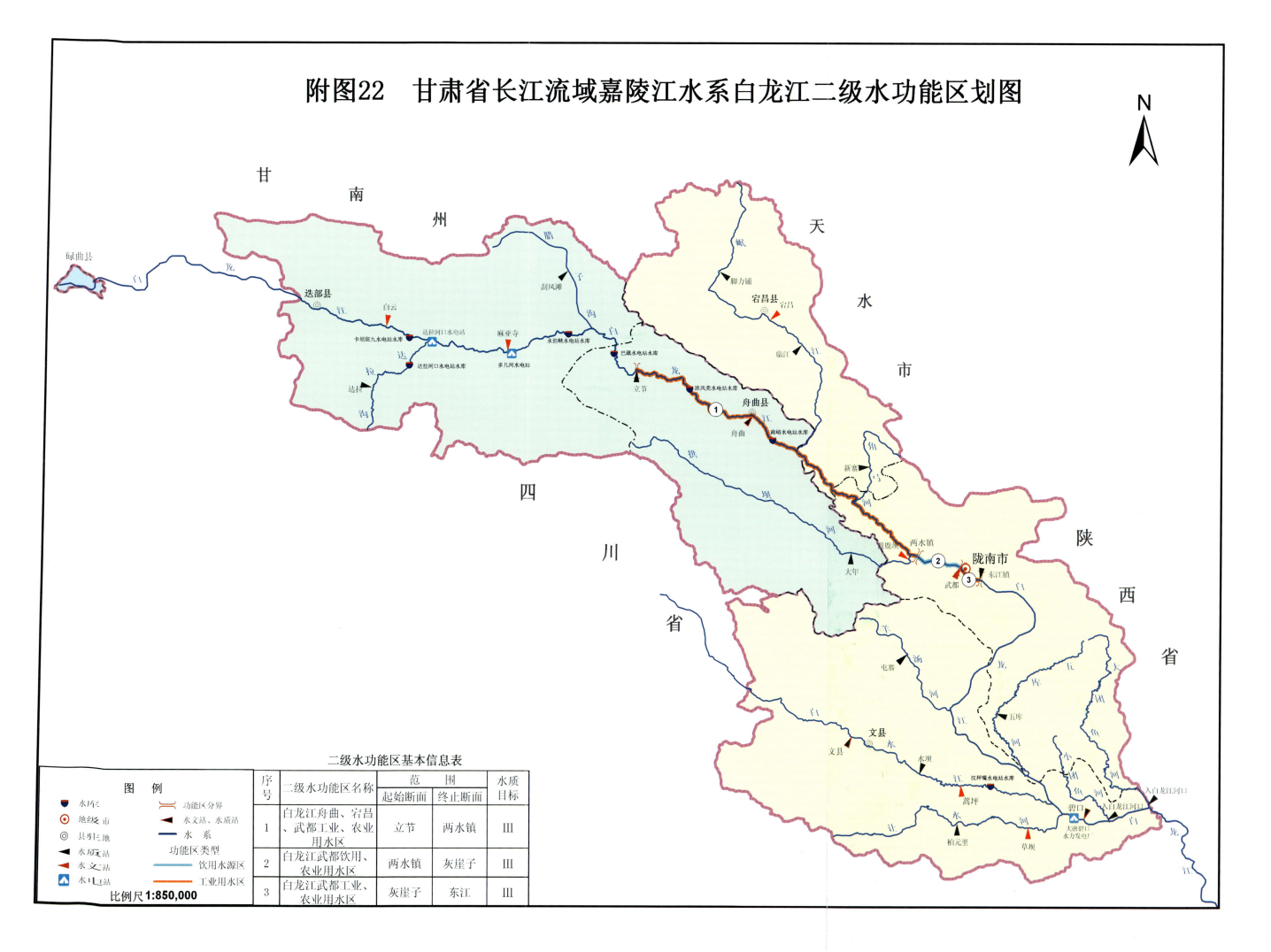

附图22　甘肃省长江流域嘉陵江水系白龙江二级水功能区划图

N

二级水功能区基本信息表

序号	二级水功能区名称	范围		水质目标
		起始断面	终止断面	
1	白龙江舟曲、宕昌、武都工业、农业用水区	立节	两水镇	III
2	白龙江武都饮用、农业用水区	两水镇	灰崖子	III
3	白龙江武都工业、农业用水区	灰崖子	东江	III

图　例

水库
地级市
县驻地
水质站
水文站
水电站

功能区分界
水文站、水质站
水系

功能区类型
饮用水源区
工业用水区

比例尺1:850,000